*Meiner lieben Josie,
von der ICH so viel
lernen durfte!*

IMPRESSUM

Einbandgestaltung: r2 | Ravenstein, Verden

Titelfotos: CAVALLO
Bilder auf der Umschlagrückseite: CAVALLO (oben), Juliane Fellner (unten)

Bildnachweis:
CAVALLO: S. 6, 7, 8, 10/11, 43, 48, 49, 50, 54, 60, 63, 64, 66, 68, 69, 77, 82, 85, 89, 90, 91, 92, 93 u., 94/95, 99, 107, 109, 114, 115, 116, 117, 119, 120, 131, 132, 134/135, 138, 140.
Vivian Gabor: S. 18, 98, 101, 121, 122, 125, 126.
iStock.com/scyther5: S. 113.

Alle übrigen Fotos stammen von Juliane Fellner.

ISBN 978-3-275-02197-0

Postfach 103743, 70032 Stuttgart
Ein Unternehmen der Paul Pietsch Verlage GmbH & Co. KG

1. Auflage 2020

Sie finden uns im Internet unter:
www.mueller-rueschlikon-verlag.de

Lektorat: Claudia König
Innengestaltung: r2 | Ravenstein, Verden
Druck und Bindung: Appel & Klinger Druck und Medien GmbH, 96277 Schneckenlohe
Printed in Germany

Inhalt

Vivian Gabor

MEIN PFERD KANN'S!

Lerntraining für Pferde

Mit Übungen + Tests zum Nachmachen

Müller Rüschlikon

Equizaum®

Vorwort

Was kann denn ein Pferd und was sollte es überhaupt können? Ist Lerntraining mit unserem Pferd wirklich nötig oder passiert das Lernen nicht nebenbei und ohnehin? Lernen bedeutet, sich an veränderte Umgebungen und neue Aufgaben anzupassen. Ja, das passiert sicherlich ständig im Alltag des Pferdes und auch in unserer gemeinsamen Kommunikation und Zusammenarbeit. Wenn wir uns darüber Gedanken machen, wie unser Pferd am besten auf uns achten kann, und wenn wir sein Lernverhalten und seine Motivation verstehen, dann können wir es schaffen, eine gemeinsame Zeit mit dem Pferd zu verbringen, aus der wir mehr schöpfen können, als das tägliche Training. Wenn wir uns bewusst machen, was für Vorlieben unser Pferd hat und was für Talente in ihm stecken, können wir es noch ganz anders verstehen und ihm helfen, auch unsere Welt als eine angenehme und entspannte Welt zu sehen.

Die Verhaltensbiologie des Pferdes – insbesondere die Lernforschung – ist ein so unglaublich spannendes Feld, das noch mehr Anwendung im täglichen Umgang und beim Arbeiten mit dem Pferd finden sollte. Für mich bedeutet, Pferde besser verstehen zu können, eine Verantwortung, die wir ihnen gegenüber schuldig sind, allein aus dem Grund, dass wir sie in unsere Welt holen. Ein motiviertes Pferd an seiner Seite zu haben, das sich auf den täglichen Kommunikationsaustausch mit uns freut, aber dennoch in seiner Freizeit ein unbeschwertes und möglichst naturnahes Leben führt, sehe ich als ein zufriedenes Pferd in unserer Obhut an.

In diesem Buch habe ich wissenschaftliche Erkenntnisse zusammengetragen, die es bereits auf dem Gebiet des Pferdelernverhaltens gibt. Es wird in vielen Übungen erläutert, wie wir dieses Wissen pferdegerecht, effektiv und mit Freude anwenden können. Lerntraining ist auch Beziehungstraining, daher kann man dieses Buch als Arbeitsbuch für Pferd und Mensch sehen. Denn es ist Arbeit, sich Gedanken zu machen, Lernschritte zu konzipieren und immer selbstreflektiert dem Pferd gegenüber feine, aber doch klare Signale zu geben.

Lassen Sie uns zusammen unsere Pferde besser kennenlernen und ein bisschen hinter die Fassade dieser schlauen Tiere blicken. Haben Sie Freude an der Wissenschaft und an der Umsetzung des praktischen Lerntrainings mit Ihrem Pferd! Wir werden in diesem Buch vom Leichten zum Schweren vorgehen, von der Bodenarbeitsübung bis hin zum wissenschaftlichen Lernversuch.

Dieses Buch ist für mich etwas ganz Besonderes, weil ich das erste Mal meine wissenschaftlichen Studien mit der Öffentlichkeit teile, so dass sie von jedem nachgestellt werden können. So kann jeder das herausfinden, was ich in meinen Lernversuchen gefunden habe: dass wir mit dem Pferd ein Gegenüber haben, das sensibel, feinfühlig und intelligent ist und das uns mehr durchschaut, als wir es uns vielleicht vorstellen können.

Ihre

Dr. Vivian Gabor

Grundlagen zum Lernverhalten

Können wir hinter die Mähne unseres Pferdes blicken? Zumindest gibt es die Möglichkeit, durch Wissen und gefühlvollen Umgang, das Pferd immer besser verstehen zu lernen und unsere eigene Empathie ihm gegenüber zu schulen.

Was ist Lernen?

Lernen ist ein lebensnotwendiger Mechanismus, um uns an unser Leben und alle Veränderungen, die darin vorkommen können, anzupassen (Gattermann, 2006). So können wir besser mit dem, was uns begegnet, umgehen und sind auf ähnliche Situationen vorbereitet. Umstände, die uns im Laufe unseres Lebens begegnen, können beispielsweise von sozialer Natur sein. Unser soziales Umfeld ändert sich, Menschen kommen in oder gehen aus unserem Leben. Diese unterscheiden wir, ordnen ihnen bestimmte Eigenschaften zu und bilden mehr oder weniger Sympathie zu ihnen aus. Veränderungen können aber auch neue Aufgaben sein. Bei uns Menschen kann das eine neue Arbeitsstelle sein mit neuen Anfahrtswegen, neuen Arbeitszeiten und neuen Kollegen und besonders auch neuen Aufgaben, die wir zu erledigen haben. Eine weitere Veränderung, die uns begegnen kann, wäre beispielsweise auch eine Stresssituation. Wir haben eine bestimmte Prüfung vor uns, die in uns Stress auslöst, die wir aber meistern. Das nächste Mal können wir dann vielleicht mit einer anderen Einstellung an eine erneute Prüfung herangehen.

Bei Pferden ist es ähnlich. In ihrer natürlichen Umgebung verändern sich im Laufe des Pferdelebens auch Umstände und äußere Faktoren. Die Gruppe als Sozialgefüge verändert sich, indem Artgenossen zur Gruppe hinzukommen, die Gruppe verlassen oder sterben. Je nach Rangposition haben auch Pferde verschiedene Aufgaben. Diese können sich aber ebenso im Laufe des Lebens verändern, wenn Pferde erfahrener und stärker werden und sich dadurch auch der soziale Status in der Gruppe wandelt. Auch ein Pferd gerät in seinem Leben in stressauslösende Situationen. Wenn es geschafft hat, dafür eine Lösung zu finden, ist es bei einer ähnlichen wiederkehrenden Situation besser vorbereitet und hat schneller eine Lösung parat. Dieses Lernen führt dazu, dass die eigenen Möglichkeiten, mit seiner Umwelt umzugehen, beständig weiter wachsen, und die zuvor Stress auslösenden Faktoren diesen Stress gar nicht mehr hervorrufen. Das Pferd lernt, durch diese immer wiederkehrende »Selbstwirksamkeit« Aufgaben, Situationen und Stressfaktoren immer besser zu bewältigen. Aus diesem Grund ist es so wichtig, dass Pferde auch in unserer Haltungsumgebung viele unterschiedliche Reize erfahren, Aufgaben lösen dürfen und Schritt für Schritt bessere Lerner und Stressbewältiger werden. Wir als Pferdehalter sind dafür verantwortlich, unseren Pferden Aufgaben zu stellen, die sie bewältigen können. Diese Aufgaben stellen wir unbewusst im Alltag und in unserem täglichen Umgang. Um unseren Pferden gute Lernreize zu bieten und neue Aufgaben zu geben, die sie aus dem täglichen Alltag eben noch nicht kennen, können wir uns auch gezielte Aufgaben ausdenken, die uns helfen, nicht nur unser Pferd besser kennenzulernen, sondern auch mit neuen Herausforderungen unser gemeinsames Leben spannender zu gestalten.

Welche Lernformen gibt es?

Beim Pferd gibt es ganz unterschiedliche Lernformen, mit denen es sich seiner Umgebung nicht nur anpasst, sondern auch lernt, bestmöglich mit ihr umzugehen. Man kann hierbei von einfacheren und höheren Lernformen sprechen. Einfachere Lernformen, die beispielsweise auch Nicht-Säugetiere schon beherrschen, gehören zum nicht-assoziativen Lernen, wie die Gewöhnung und die Sensibilisierung. Diese benötigen nicht das Bewusstsein und finden reflexartig statt. Das Pferd entscheidet hier nicht bewusst, sondern der Organismus lernt die Bedeutung eines *einzelnen* Reizes. Entweder er erachtet diesen als wichtig (relevant) oder als unwichtig (irrelevant). Die Natur hat es so eingerichtet, dass unwichtige Reize nicht ins Bewusstsein vordringen und die Reaktion auf diese immer schwächer wird, bis sie ganz ausbleibt. Relevante Reize hingegen werden immer sensibler wahrgenommen und die Reizstärke, die dafür nötig ist, wird immer niedriger im Laufe des Lernprozesses. Überlebenswichtig für ein Pferd ist es zum Beispiel, auf Reize zu reagieren, die von vermeintlichen Raubtieren oder gefährlichen Gegenständen kommen. Diese Umweltreize kann das Pferd nicht nur immer früher wahrnehmen, sondern die Reaktion auf diesen Reiz würde auch immer stärker werden.

In der praktischen Arbeit mit dem Pferd findet die Gewöhnung statt, wenn wir das Pferd an Schreckgegenstände oder Geräusche und Bewegungen gewöhnen wollen, auf die es nicht mehr mit Angst oder Flucht reagieren soll. Sensibilisieren hingegen wollen wir auf Signale, die wir setzen, wie in der Bodenarbeit oder beim Reiten. Hier sprechen wir von der »Verfeinerung der Hilfen«. Unser Lerntraining können wir ganz gezielt dazu nutzen, um es an manche Situationen und Umweltreize zu gewöhnen und auf andere zu sensibilisieren.

Die Gewöhnung ist eine wichtige Lernform, die wir häufig nutzen. Wir können unser Pferd nicht nur an Gegenstände, sondern auch an Situationen und Umgebungen gewöhnen.

Gewöhnung

Bei der *Gewöhnung* kann das Pferd nicht nur an einen einzelnen Reiz und einen Gegenstand, eine Bewegung oder ein Geräusch gewöhnt werden, sondern auch an Signalkomplexe, wie eine Umgebung, zum Beispiel den Roundpen, die Reithalle oder auch das Gelände. Diese Arbeit ist sehr wichtige Vertrauensarbeit für das Pferd, denn es lernt, auch in zunächst Angst-auslösender Umgebung oder Situation immer mehr seinem Menschen zu vertrauen und auf ihn zu achten, um eine Lösung zu finden. Die Übungen, die später beschrieben werden, können also an verschiedenen Orten stattfinden. Dieser Wechsel erhöht das Lernniveau und schult das Pferd, sich Schritt für Schritt besser zu konzentrieren. Mensch und Pferd lernen miteinander fokussierter zu arbeiten und das Pferd immer besser – von der Umwelt unabhängig – auf seinen Menschen, beziehungsweise auf seine Lernaufgabe, zu achten.

Das Ziel der Kommunikation mit unserem Pferd sollte eine Verfeinerung unserer Signale sein. Das Pferd reagiert dabei sensibel und durchlässig auf unsere Hilfen, ob vom Boden oder vom Sattel aus.

Sensibilisierung

Bei der *Sensibilisierung* sollten wir darauf achten, unserem Pferd möglichst schnell (innerhalb weniger Sekunden) eine Lösung zu präsentieren, auf die es reagieren kann. Sonst könnte ein nicht gewollter Gewöhnungseffekt auftreten. Diese nicht gewünschte Gewöhnung finden wir bei »Schenkel-triebigen« Pferden oder auch bei Pferden, die sehr »faul« und »stur« wirken. Für die Sensibilisierung ist es immer wichtig, das Pferd neugierig zu halten und viel Abwechslung in das Lerntraining zu bringen. Die Abfolge von kurzen Sequenzen, aber auch gezielten und häufigen Pausen zur Motivation, fördern hier immer die Aufmerksamkeit auf die Lernaufgabe. Sensibilisierung können wir in allen Lernaufgaben, die wir hier erarbeiten werden, erreichen: von der Bodenarbeit bis hin zum komplexen Unterscheidungstraining (Seite 108).

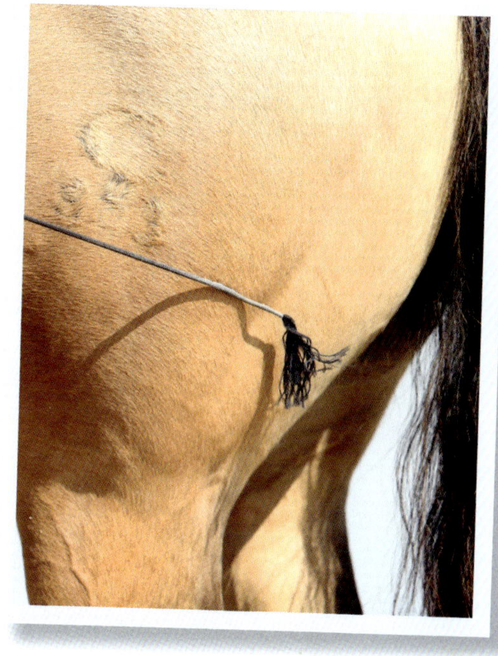

Die Gertenberührung wird mit einem Stimmsignal fürs Vorwärts verknüpft. Hat die Konditionierung stattgefunden, reicht das Stimmsignal aus, um das Vorwärts auszulösen.

Klassische Konditionierung

Die *klassische* und auch die *operante Konditionierung* zählen zu den assoziativen Lernformen. Hier erfährt das Pferd eine Bedeutung von Reizen und die Verknüpfung von Reizen mit Reaktionen.

Die klassische Konditionierung verknüpft einen bisher unbekannten Reiz (zum Beispiel ein Stimmsignal) mit einem bekannten, bedeutenden Reiz (zum Beispiel einer Gertenberührung) und einer bekannten, unbedingten Reaktion (zum Beispiel dem Vorwärtsgehen).

Wir nutzen die *klassische Konditionierung* im Training immer dann, wenn wir neue Kommandos ins Training einführen. Das kann ein Stimmkommando, eine Gestik vom Boden aus oder eine reiterliche Hilfe sein. Im gezielten Lerntraining nutzen wir später eine klassische Konditionierung, um eine Futterbelohnung zum Beispiel mit einem Stimmkommando oder einem »Clicker« zu verbinden. So weiß das Pferd, dass dieses Lob-Wort oder der »Clicker« die Bedeutung eines Lobes hat. Und wir haben dann entweder Zeit zur Gabe der Belohnung oder brauchen diese nicht mehr ständig zu geben. Bei manchen Lernaufgaben können wir nicht immer gleich eine Futterbelohnung geben, dies wäre etwas hinderlich im Training. Aus diesem Grund macht es Sinn, Lob-Wörter oder Lob-Geräusche mittels der klassischen Konditionierung zu etablieren. Wichtig bei der klassischen Konditionierung ist, dass das neue Kommando kurz vor dem erklärenden Reiz kommt. Zum Beispiel sage ich ein Kommando zum Seitwärtsweichen des Pferdes: »Seite« und bringe das Pferd direkt danach zum Übertreten durch Körpersprache oder das Berühren der Gerte. So weiß das Pferd bald, dass das Kommando »Seite« die Bedeutung hat, die vorher die direkte Berührung oder die körpersprachliche Gestik hatte.

Bei der operanten Konditionierung lernt das Pferd durch ein gezieltes Verhalten, eine Belohnung zu erhalten oder seine Situation zu verbessern.

Operante Konditionierung

Bei der *operanten Konditionierung* setzt das Pferd ganz bewusst sein Verhalten ein, um die Umgebung zu verändern. Dieses Verhalten zeigt es, um eine positive oder negative Verstärkung zu erfahren, also eine Belohnung zu erlangen oder einen aversiven Reiz (Druck) loszuwerden. Aus diesem Grund wird dieses Lernverhalten auch *instrumentelle Konditionierung* genannt, da das Verhalten dem Pferd als Instrument dient, etwas von sich aus zu verändern. Hier spielen die Verstärker der positiven und negativen Verstärkung eine wichtige Rolle (Seite 23). Bei Konditionierungsvorgängen dieser Art ist es besonders wichtig, dass der belohnende Effekt während oder kurz nach dem Verhalten des Pferdes eintritt. Wenn das Verhalten und der belohnende Effekt des Öfteren zusammentreffen, wird eine Verknüpfung zwischen Verhalten und Belohnung gebildet (Assoziation). Zu der operanten Konditionierung zählen verschiedene Lernformen, die wir täglich im Umgang mit dem Pferd nutzen. Das Pferd lernt hierbei nicht nur unsere Signale und andere Außenreize zu differenzieren (Unterscheidungslernen), sondern auch einige als ähnlich zu erkennen (Generalisieren).

Unterscheidungslernen

Beim *Unterscheidungslernen* werden Signale und Umweltreize differenziert, beziehungsweise diskriminiert (also unterschieden). Aus diesem Grund wird dieses Lernen auch als *Diskriminationslernen* bezeichnet. Diese Lernform ist in der Natur besonders wichtig beim sozialen Lernen – beispielsweise bei der Unterscheidung von Artgenossen: deren Aussehen, Geruch, aber auch deren Rangposition. Genauso wichtig für das Pferd ist es, Situationen abschätzen zu können, die möglicherweise Gefahr bedeuten. Bestimmte Reizsituationen können auf der anderen Seite auch einen guten Ausgang vorhersagen, beispielsweise das Finden einer schmackhaften Futterstelle.

In unserem täglichen Umgang schaffen es Pferde, viele unserer Signale zu unterscheiden. Pferde differenzieren sogar Autogeräusche und wissen, ob der Besitzer gerade vorfährt oder ein Auto, das für sie keine »Bedeutung« hat. Im Training unterscheidet das Pferd körpersprachliche Signale vom Boden genauso wie reiterliche Hilfen, wie Gewichts-, Schenkel- und Zügelhilfen. Stimmkommandos werden erlernt, unterschieden und ihnen eine bestimmte Bedeutung zugewiesen. Auf dem Unterscheidungslernen beruhen viele Vorgänge der Pferdeausbildung. Wir werden später unserem Pferd gezielte Unterscheidungsaufgaben geben, sowohl innerhalb des Bewegungslernens als auch sehr spezifisch im Bereich der höheren kognitiven Lernaufgaben.

Pferde können nicht nur Mimik und Gestik des Menschen unterscheiden, sondern auch Gesichter und Emotionen (Stone, 2010). Sie können lernen, verschiedene Symbolkarten anzutippen, um eine Decke anzubehalten oder diese abgenommen zu bekommen (Mejdell et al., 2016). Auch geometrische Formen zu unterscheiden, ist für Pferde kein Problem (Sappington und Goldmann, 1996; Hall et al., 2003; Gabor et al., 2006). In der Wissenschaft kann man durch Unterscheidungstests sogar die Physiologie des Pferdes erforschen. So konnte man herausfinden, wo der Hörbereich und auch der Sehbereich des Pferdes liegen (Heffner und Heffner, 1983; Timney und Keil, 1992). Die Pferde in den Studien lernten zuvor, durch ihr Verhalten anzuzeigen, ob sie bestimmte Geräusche oder auch Farben noch wahrnehmen können, dafür hatten sie gelernt, mit dem Maul einen Hebel zu betätigen. Da wir das Pferd in der Verhaltensforschung nicht direkt fragen können, was es empfindet oder wahrnimmt, muss das Verhalten die Entscheidung anzeigen.

In unserem praktischen Pferdetraining wird durch gezieltes Training des Unterscheidungslernens das Pferd immer aufmerksamer auf unsere Signale und lernt, deren unterschiedliche Bedeutung zu verstehen.

Generalisieren

Das *Generalisieren* könnte man als gegenteiligen Effekt des Unterscheidungslernens ansehen. Die Wissenschaft zeigt: Pferde können Eigenschaften von Symbolkarten als ähnlich erkennen (Hanggi, 1999a). Den Pferden in dieser Studie wurden unterschiedliche geometrische Symbole gezeigt. Manche waren offen und wurden nur als schwarzer Rand dargestellt, andere waren geschlossen (siehe Bild). Die Pferde lernten in diesem Test, dass die Berührung des offenen Symbols eine Belohnung gibt, hingegen das Antippen eines geschlossenen geometrischen Symbols keinen belohnenden Effekt hat.

Pferde können Kategorien lernen wie: »Wähle immer das offene Symbol.« Sie können dann das Gelernte auf neue Muster übertragen (generalisieren).

So konnte in mehreren Lernschritten, die aufeinander folgten, gezeigt werden, dass Pferde nach und nach lernen, Eigenschaften von bestimmten Symbolen als gleich zu erkennen.

Pferde können also verallgemeinern. Im Alltag finden wir die Lernform des Generalisierens, wenn Pferde Signale von einem Menschen auf den anderen übertragen. So kann ein Pferd von verschiedenen Personen geritten werden und versteht die Hilfen dennoch. Aber auch in unerwünschten Fällen findet die Generalisierung statt. Ein Pferd, das einmal eine schlechte Erfahrung in einem Anhänger gemacht hat, möchte möglicherweise auch in einen anderen Anhänger nicht einsteigen. Es erkennt die gleichen Eigenschaften dieses Objektes.

Höhere Lernformen

Höhere Lernformen bezeichnet man auch als kognitives Lernen. Zu diesen höheren kognitiven Leistungen zählen Fähigkeiten, wie das Problemlöse-Verhalten, die Abstraktion, die Planhandlung sowie die Strategiebildung (Gattermann, 2006; Tenorth und Tippelt, 2007). Dass Pferde sogar zum abstrakten Lernen fähig sind, konnten Studien der Pferdewissenschaften nachweisen (Hanggi, 2003; Gabor und Gerken, 2012, 2014). Abstrakt zu lernen bedeutet, dass Reize, die präsentiert werden, verglichen und in Beziehung zueinander gesetzt werden. Es wird ein abstrakter Begriff gebildet, wie zum Beispiel: »gleich wie« oder »unterschiedlich von«. Das bedeutet, egal ob die Stimuli physikalisch ähnlich

Die Shetlandponys lernten das »Prinzip der Gleichheit«: »Wähle unten das Symbol, das du oben siehst!« Damit konnte ein abstraktes Lernen bewiesen werden (Gabor und Gerken, 2012).

sind oder nicht, sie fallen unter das gleiche Konzept – den gleichen Begriff – deswegen wird dieses abstrakte Lernen auch als begriffliches Lernen bezeichnet. In der Studie von Hanggi (2003) konnten Pferde verschiedenste Objekte – in einer zweidimensionalen Abbildung oder dreidimensional präsentiert – einander als größer oder kleiner zugeordnet werden, je nach ihrem Verhältnis zu einander. Es wurden Bälle, Blumentöpfe und PVC-Rohre in unterschiedlichen Größen, Materialien und Farben präsentiert. Hanggi bewies damit, dass Pferde die relative Beziehung zwischen den Objekten erfassen können. Einen weiteren Beweis konnten wir in eigenen Studien nachweisen (Gabor und Gerken, 2012). Hier forderten wir von den Testpferden die Bildung eines Konzepts mit der Grundgaufgabe »erkenne das gleiche Symbol«. Diese Lernaufgabe wird in der Lernforschung als sogenanntes »Matching to sample« oder »Wahl nach Muster« bezeichnet. Die Pferde lernten das »Prinzip der Gleichheit«. In unserer Studie schafften es Shetlandponys zwei von drei Symbolen als gleich zu erkennen und für das »richtige« Symbol einen Knopf zu drücken (siehe Seite 18). Hier gingen viele Lernschritte voraus: das Bedienen der Lernapparatur, das Achten auf den Bildschirm sowie erst »einfache« Zeichenunterscheidungen und dann die Zuordnung der gleichen Symbole. Wir konnten dabei als erste Studie weltweit herausfinden, dass Pferde sogar dazu fähig sind, Anzahlen bis fünf miteinander zu vergleichen und als gleich oder ungleich zu erkennen.

Auch wenn diese Studien nicht direkt in einen praktischen Nutzen übertragbar sind, zeigen sie doch, wie hoch-kognitiv Pferde fähig sind zu denken und zu handeln. Dies sollte uns als Pferdemenschen deutlich machen, mit was für sensiblen und doch extrem angepassten Wesen wir umgehen. Sie können feinste Reize unterscheiden, einander zuordnen und sogar abstrahieren. Wir haben es also keineswegs mit einem dummen Wesen zu tun, das reizarm und einfach gehalten werden kann. Im Gegenteil: Pferde fühlen sich wohl mit vielen Reizen, mit denen sie umgehen und an denen sie ihr eigenes Verhalten weiterentwickeln können. Aus diesem Grund ist es so wichtig, ihnen eine reizvolle und bewältigbare Umwelt zu bieten.

Bewegungslernen (prozedural)

Pferde besitzen ein sehr ausgeprägtes Bewegungslernen. Sie sind Herden-, Flucht- und Steppentiere und auf eine gute Koordination und einen hoch entwickelten Bewegungsapparat angewiesen. Das Bewegungslernen – auch *prozedurales Lernen* genannt – spielt sich eher unterbewusst und automatisiert ab. Wir selbst kennen das vom Auto- oder Fahrradfahren. Bei diesen Tätigkeiten müssen wir – wenn erstmal erlernt – nicht mehr über bestimmte Bewegungsabläufe nachdenken. Vielleicht müssen wir anfangs noch die Schaltung des Autos verstehen und immer wieder üben, in den richtigen Gang zu schalten, aber später passiert dies automatisch und wir brauchen nicht mehr darüber nachzudenken. Ähnlich ist es bei Bewegungsabläufen des Pferdes, wenn wir eine neue Lektion mit unserem Pferd üben – beispielsweise eine Hinterhandwendung – zeigen wir dem Pferd den technischen Ablauf über unsere einrahmenden Hilfen vom Boden oder vom Sattel aus. Wenn alles gut läuft, lernt das Pferd, die Beine richtig zu kreuzen, die Last auf das innere Hinterbein zu verlagern und in einer leichten Stellung in Bewegungsrichtung die Wendung auszuführen. Hat das Pferd den Bewegungsablauf verstanden und kann diesen ruhig, Schritt für Schritt ausführen, können wir weiter an der Verfeinerung der Übung arbeiten. Sei es in einer anderen Grundhaltung oder -spannung oder in einem zügigeren Ablauf. Auch hier automatisiert sich dieses Bewegungsmuster und kann ohne viel kognitiven Aufwand immer wieder abgerufen werden. Dies sehen wir, wenn wir Pferde nach einer langen Arbeitspause wieder ins Training nehmen, hier sind wahrscheinlich Muskulatur und auch Konzentrationsfähigkeit nicht mehr auf einem trainierten Stand, jedoch sind die Bewegungsabläufe der Lektionen nach Wochen, vielleicht sogar nach Jahren, noch abrufbar.

Sind Bewegungsmuster erst einmal abgespeichert, sind diese schwierig wieder umzulernen. Wenn wir dies an einem menschlichen Beispiel verdeutlichen wollen: Es würde uns sehr schwer fallen, plötzlich auf der anderen Seite – im Linksverkehr – unser Fahrzeug steuern zu müssen. Wenn wir aber das Autofahren im Linksverkehr gelernt haben, kommen wir damit sehr gut zurecht und es stellt für uns keine große Mühe dar. Genauso ist es bei gefestigten Bewegungsmustern des Pferdes. Dies kann beispielsweise eine Fehlhaltung beim Gerittenwerden sein, die der Mensch durch einen Reiterfehler verursacht hat, oder auch eine falsche Umsetzung einer Lektion. Das Umlernen gestaltet sich dann als wesentlich schwieriger, als das Erlernen einer ganz neuen Aufgabe. Ein bestehendes Bewegungsmuster anders zu fordern, verursacht sogar Stress beim Pferd und führt zu Abwehr oder Fluchtverhalten. Dies zu verstehen, ist sehr wichtig im Umgang mit dem Pferd und sollte uns veranlassen, für ein Umlernen einen pferdegerechten Weg zu finden. Denn tatsächlich ist es so, dass die Einzelschritte des »neuen« Bewegungsmusters wieder Schritt für Schritt erlernt werden müssen.

Pferde lernen zu lernen

Umso häufiger wir unseren Pferden eine Aufgabe stellen, desto schneller werden sie die nächste ähnliche Aufgabe lösen können, die ihnen begegnet. Wissenschaftlich nennt man dies *»neuronale Bahnung«*. Man kann es sich so vorstellen: Je häufiger man einen Trampelpfad benutzt, desto mehr wird dieser zum Feldweg, dann weiter zu einer Landstraße und vielleicht sogar einmal zu einer Autobahn. Hier können wir uns besonders schnell voranbewegen. Wenn dies im Gehirn passiert, werden die wahrgenommenen Reize im neuronalen Netzwerk schneller weitergeleitet. Wird die Autobahn allerdings nicht mehr genutzt, holt sich die Natur diese wieder zurück und bald wird nur noch ein Trampelpfad übrig sein. Nutzen wir also bestimmte Regionen im Gehirn und die dazu gehörigen Neuronen (also die Nervenzellen) nicht mehr, werden diese immer ineffizienter in ihrer Reizweiterleitung.

Forscher haben das Phänomen des »Lernen-zu-Lernen« auch bei Pferden herausgefunden (Baer et al., 1983; Hanggi, 1999 a, b): Je häufiger Pferde ihren Kopf in Lerntests anstrengen mussten, umso weniger Durchläufe brauchten sie bei weiteren Lerntests, um auf die Lösung zu kommen.

Aus diesem Grund macht es Sinn, unseren Pferden abwechslungsreiche Aufgaben zu stellen, die sie lösen können. Dadurch werden sie nicht nur immer motivierter, die Lösung zu finden, und entwickeln Freude an dieser Art von Training, sondern wir trainieren auch ganz gezielt ihre geistigen Fähigkeiten.

Warum ist Abwechslung so wichtig?

Wenn wir Pferde halten, sei die Haltungsform auch noch so pferdegerecht, werden wir ihnen wahrscheinlich nie so viel Abwechslung bieten können, wie es die freie Natur und das ständige Leben in einer Herde ihnen bietet.

Wenn es dazu noch eine Haltung mit wenig sozialen Reizen und eine eher eintönige Box ist, in der das Pferd die meiste Zeit des Tages verbringt, kann es sogar sein, dass Pferde kognitiv verkümmern. Im schlimmsten Falle zeigen sie Verhaltensstörungen oder Stereotypien als Folge von Unterbeschäftigung und Langeweile. Um dem vorzubeugen, ist es besonders wichtig, dem Pferd, auch wenn es in einer guten Haltung untergebracht ist, immer wieder abwechslungsreiche Lernreize zu bieten. Dies machen wir im besten Falle auch beim Reiten und bei der Bodenarbeit. Weiterhin können wir uns aber noch viele interessante Lernübungen einfallen lassen, die unser Pferd zuvor noch nicht erlebt hat. Diese Abwechslung stellt das Pferd vor eine immer neue Situation. Zusätzlich fördern solche Aufgaben das Vertrauen zum Menschen. Etwas Neues bedeutet somit nicht mehr sofortige Flucht, sondern kann im Beisein des Menschen bald einen positiven Ausgang finden.

Dass Abwechslung sich positiv auswirkt, kennen wir auch von uns: Wenn wir täglich wiederkehrend immer nur dieselben Routineaufgaben erledigen müssen, wird es uns schnell langweilig und wir sind nicht mehr bei der Sache. Erfahren wir aber in unserem täglichen Leben immer wieder Neues und werden immer wieder vor abwechslungsreiche Aufgaben gestellt, die wir gut lösen können, bringt uns dies Selbstbewusstsein und Freude an unserer Arbeit und auch in unserem täglichen Leben. Wenn wir nun das Pferd vielfältig beschäftigen, empfindet es dies ebenso. Des Weiteren fördert es noch die Aufmerksamkeit auf uns als wertvollen Reizgeber. Es stärkt ebenso eine gute Beziehung zwischen uns und unserem Pferd, denn das Wichtigste für ein gutes Miteinander und auch ein erfolgreiches Lerntraining ist es, dass wir die Aufmerksamkeit des Pferdes haben.

Wir sollten es aber nicht übertreiben, denn eine gewisse Routine und wiederkehrende Muster geben auch Sicherheit. Es ist sehr individuell, wie viel Abwechslung und Neuigkeiten ein Pferd vertragen kann. Je mehr man sich aber in dieser Weise mit seinem Pferd beschäftigt, desto mehr lernt man es kennen. Seine Talente, seine Vorlieben aber auch Dinge, die es nicht so gerne tut. Im Training ist es wichtig, auch diese Dinge genau anzugehen, damit es dem Pferd immer leichter fällt, genau in dem unangenehmeren Bereich genauso Aufgaben lösen zu können. Um wieder Stabilität und eine gewisse Ruhe ins Training zu bringen, sind nach neu gesetzten Zielen dann wieder Aufgaben gut, die das Pferd bereits kann. So motivieren wir es immer wieder und schützen es vor Überforderung!

Intelligenz

Das Wort Intelligenz ist auch in der Humanpsychologie ein etwas »schwieriges« Wort und lässt sich nicht ganz leicht auf die Tierwelt übertragen.

In der Humanpsychologie wird Intelligenz definiert als eine Fähigkeit, das Denken auf neue Forderungen einzustellen und als geistige Anpassungsfähigkeit an neue Aufgaben und Bedingungen des Lebens (Stern, 1981).

Intelligenz wird aber auch als kognitive und psychische Fähigkeit zur Einsicht und plan- und sinnvollem Denken beschrieben sowie zum Erkennen von Zusammenhängen und Finden von optimalen Problemlösungen (Gattermann, 2006). Diese Eigenschaften finden wir ebenso im Tierreich und auch bei unseren Hauspferden. Dennoch können wir Intelligenz nicht so einfach zwischen Tierarten und schon gar nicht zwischen Mensch und Tier direkt vergleichen.

Wir Menschen und auch jedes Tier ist an die natürliche Lebensumgebung sehr »intelligent« angepasst. Die Natur hat das Pferd mit einer feinen Wahrnehmung ausgestattet, mit der es frühzeitig Feinde erkennen kann. Es verfügt über eine ausdrucksstarke Mimik und Gestik, mit der es sich mit seinen Artgenossen hervorragend verständigen kann. Das komplexe soziale Gefüge und die ständigen Interaktionen untereinander sprechen demnach auch für eine hohe soziale Intelligenz. Tiere untereinander in Intelligenzstufen einzuteilen, stellt sich demnach als recht schwierig dar, da sie an ganz unterschiedliche Lebensformen auf ihre Weise hervorragend und »intelligent« angepasst sind.

Wir können Motivation und Neugier beim Pferd gezielt fördern.

Sicher ist aber, dass bei jeder Tierart das Lernen erweitert und die vorhandene Intelligenz geschult werden kann. Die Voraussetzungen für ein intelligentes Handeln und ein gutes Lernverhalten sind dabei sehr vielschichtig.

Das Alter, das Geschlecht, die Rasse, die Vorerfahrung, die individuelle Begabung und die Motivation spielen dabei wichtige Rollen. Jedes Individuum bringt daher seine ganz eigenen Voraussetzungen mit und will auch in seinem Maße in bestimmten Bereichen gefördert werden. Wir Mensch können dabei einige Dinge beeinflussen, damit intelligentes Verhalten und ein gutes Lernvermögen entstehen und gefördert werden kann. Wir sind für die Erfahrung zuständig, die das Pferd mit uns macht, wenn es bei uns ist, und wir können vor allem die Motivation fördern, in unserem Beisein Aufgaben lösen zu wollen und auf unsere Signale zu achten.

Motivieren durch gezielte Lernaufgaben

Motivation wird in der Wissenschaft als eine Handlungsbereitschaft definiert, ein bestimmtes Verhalten auszuführen (Gattermann, 2006). Ein »Motiv« ist dabei ein Beweggrund bzw. ein Antrieb eines Verhaltens hinsichtlich des Ablaufs, des Ziels und der Intensität und befriedigt dabei ein bestimmtes Bedürfnis (Stern, 1981).

Es gibt nichts Schöneres für den Menschen, als mit einem motivierten Pferd zu arbeiten. Dies würde wahrscheinlich jeder unterschreiben, der mit Pferden zusammen ist, egal ob er eine bestimmte Reitsportdisziplin, Bodenarbeit oder Lernaufgaben mit dem Pferd machen möchte. Das Pferd zeigt Aufmerksamkeit gegenüber dem Menschen, nimmt seine Signale fein wahr und setzt diese direkt um.

Es strahlt dabei Leichtigkeit und Freude aus und beide verbringen eine schöne gemeinsame Zeit miteinander. Dies ist gewiss nicht immer so, denn es gibt viele Situationen, in denen das Pferd ganz andere Dinge im Sinn hat, als auf den Menschen zu achten und zu reagieren. Für ein Pferd ist es natürlich, seine Aufmerksamkeit schnell auf Außenreize lenken zu können, das sichert in der Natur sein Überleben.

Die Kunst des pferdegerechten und motivierten Pferdetrainings ist, dass wir Menschen der Hauptreizgeber sind, und dass das Pferd immer einen Sinn dahinter sehen muss, auf uns zu reagieren. Es muss also der Überzeugung sein, dass es sich lohnt, mit uns »zusammenzuarbeiten«. Dies können wir schaffen, indem wir unser Pferd besser kennenlernen, richtig und gezielt belohnen und Abwechslung ins Lerntraining bringen. Wenn wir außerdem noch beachten, welche Lernart unser Pferd besonders motiviert, können wir diese immer einbauen, um es wieder auf uns aufmerksam zu machen und die Freude zurück ins Training zu bringen.

Wichtig, um die Motivation unseres Pferdes immer weiter zu fördern, ist – wie in der Pädagogik – vom Leichten zum Schweren zu arbeiten und das Pferd die Aufgaben immer schaffen zu lassen. Dies bedeutet nicht, dass wir ihm nur leichte Aufgaben stellen, sondern dass wir sie vom Schwierigkeitsgrad immer weiter erhöhen. So bekommt das Pferd das schon beschriebene Gefühl der Selbstwirksamkeit. Das bedeutet, es wird immer wieder darin bestätigt, Dinge aus eigenem Antrieb schaffen zu können – man würde dies aus menschlicher Sicht vielleicht als Selbstbewusstsein bezeichnen.

Wie belohnen wir am besten?

Wenn wir uns im Bereich der Lerntheorie bewegen, ist es wichtig, auch spezielle Begriffe richtig zu nutzen und darzustellen. Die Begriffe der *positiven* und *negativen* Verstärkung gehören dazu. Häufig werden diese Begriffe wertend verstanden und als gut (positiv) oder schlecht (negativ) interpretiert. In der Theorie versteht man darunter hinzugebend (addierend = positiv) und wegnehmend (subtrahierend = negativ). Eine Verstärkung zielt dabei immer darauf ab, ein bestimmtes Verhalten zu fördern, dadurch dass ein angenehmer Ausgang herbeigeführt wird. Beispiele für positive Verstärker wären die Hinzugabe von: Futterbelohnung, Pause, Entspannung oder einem Lobwort bzw. einem »Clicker« – welcher zuvor mit einem positiven Ausgang verknüpft wurde (siehe klassische Konditionierung). Beispiele für negative Verstärker sind die Wegnahme von Druck, wie eines Impulses über das Bodenarbeitsseil oder des Zügels, des Schenkels, aber auch körperlichen Drucks vom Boden aus, der zuvor durch Muskelanspannung oder gezielten Fokus des Blickes erzeugt wurde. Dies bedeutet keinesfalls, dass wir zuvor Stress, Schmerzen oder Leid auslösen, was wir dann im Falle einer guten Reaktion entnehmen. Dies ist unter keinen Umständen notwendig, sondern wir sollten uns eher an den natürlichen Verhaltensweisen und der feinen Kommunikation in der Pferdeherde orientieren. Hier wird durch Mimik und Gestik, aber auch durch Körperraum, der entsteht, mit negativer Verstärkung natürlich kommuniziert. Weicht der Artgenosse allein durch eine mimische Veränderung dem Raum des Ranghöheren, wird diese Spannung (körperlicher Druck) vom Ranghöheren sofort weggenommen.

Futter ist ein klassischer positiver Verstärker (Bild oben). Druck zu entnehmen ist eine negative Verstärkung. Dieser Druck kann zuvor durch Körperspannung und einen Blick ausgelöst worden sein (Bild unten).

Was wir tunlichst vermeiden sollten ist, mit *Bestrafung* zu arbeiten. Wissenschaftliche Erkenntnisse zeigen, dass Lernverhalten durch Verstärkung gefördert, aber durch Bestrafung gehemmt wird oder sogar völlig ausbleiben kann. Bestrafung zielt im Gegensatz zur Verstärkung auf ein Auslöschen eines bestimmten Verhaltens hin und fördert damit nicht einen Antrieb und die Motivation, ein Verhalten erneut zu zeigen. Auch hier gibt es die Begriffe der *positiven* und *negativen* Strafe, was deutlich macht, dass auch an dieser Stelle mit hinzugebenden und entnehmenden Effekten gearbeitet wird. Eine positive Strafe wäre die Hinzugabe eines Strafreizes (ein Schlag mit der Gerte bei einem unerwünschten Verhalten), eine negative Bestrafung hingegen wäre die Entnahme eines positiven Effektes, wie Futter, Aufmerksamkeit oder soziale Reize. Hier wird nochmal deutlich, dass »positiv« oder »negativ« nicht mit »gut« oder »schlecht« zu werten ist.

Die Belohnung für das Pferd muss also nicht ausschließlich über eine Futterbelohnung stattfinden, sondern es gibt weitere Möglichkeiten, durch Belohnung zu motivieren. Für das Fluchttier Pferd stellen Entspannung und Pause ein ganz wichtiges, belohnendes Element dar. Wenn ein Pferd sich beim Menschen sicher fühlen und sich entspannen kann und zugleich nicht mehr darauf achten muss, ob es in Gefahr ist, ist dies ein sehr wertvoller Zustand. Entspannung können wir induzieren, indem wir unserem Pferd beibringen, entspannt den Kopf zu senken und dies mit einer Pause zu verbinden. Diese gesenkte Kopfhaltung findet in der Natur nur beim Dösen oder beim Fressen statt, also in einer Situation, in der keine Gefahr droht. Wenn wir unserem Pferd beibringen, durch ein Signal den Kopf zu senken, kommt es nach ein paar Sekunden automatisch in einen ruhigeren Zustand. Wichtig dabei ist, dass das Pferd tatsächlich die

In der Natur sind Pferde entspannt, wenn sie mit gesenktem Kopf fressen oder dösen. In diesem Moment droht keine Gefahr (Bild oben). Im Training können wir unserem Pferd diesen Ruhezustand beibringen (Bild unten).

Muskulatur entspannt (im Hals, Rücken und im Gesicht). Üben können wir dies, indem wir einen leichten Druck am Strick nach unten auslösen oder mit den Fingern einen leichten Druck im Genick. Wenn das Pferd daraufhin nachgibt, wird unser Druck sofort weniger. Wenn das Pferd merkt, dass dieser Entspannungszustand guttut, wird es von Mal zu Mal einfacher, es in diesen zu bringen. Diese Übung kann mit einem Stimmkommando oder einem Zeichen – beispielsweise einem Fingerzeig Richtung Genick – kombiniert werden, so dass diese Haltung immer feiner ausgelöst werden kann (siehe Übung »Kopfsenken« Seite 50).

Wenn wir mit unserem Pferd definierte Lernaufgaben erarbeiten (siehe Tests ab Seite 96), macht es durchaus Sinn, mit einer Futterbelohnung zu arbeiten. Das Pferd sollte hier nicht die Futterbelohnung mit dem Menschen verknüpfen, sondern mit der ausgeführten Aufgabe. Dies schaffen wir später durch unseren Testaufbau (Seite 97f.). Wenn das Pferd die Futterbelohnung immer nur mit dem Menschen verknüpft, kann es sein, dass die Aufmerksamkeit mehr auf den Menschen – und damit auf das Futter – gerichtet ist, als auf die gestellte Aufgabe und wir so einen falschen Fokus setzen. Bei Lernaufgaben ohne einen speziellen Aufbau (beispielsweise beim Bewegungslernen Seite 70) macht es aus diesem Grunde Sinn, eher durch Pause und Entspannung zu belohnen, als über eine Futtergabe. Wir sollten uns darüber hinaus Gedanken machen, was wir für eine Futterbelohnung geben. Dies sollten keine zuckerhaltigen Leckerlis sein. Eine sinnvolle Alternative können beispielsweise Luzerne-Pellets oder »Heucops« sein (keine, die noch aufquellen!) oder man teilt die tägliche Futterration in viele kleine Portionen auf, so dass diese Ration durch eine Lernaufgabe erarbeitet wird.

Welche Lernaufgabe soll es sein?

Wie auch bei uns Menschen, gibt es bei Pferden unterschiedliche Lerntypen. Manche Pferde lernen sehr gut, wenn wir visuelle (also sichtbare) Reize setzen. Dies könnten Stangen, Pylonen, unsere körpersprachlichen Signale oder auch unsere später verwendeten Lernkarten sein. Andere Pferde hingegen lernen gut über das Gehör (auditiv). Dafür können wir Stimmkommandos setzen, einen Clicker als Belohnung oder auch Töne und Tonfolgen präsentieren, die das Pferd gezielt zuordnen und unterscheiden soll (siehe Lerntest Seite 113).

Es spielt eine Rolle, was für Erfahrungen unser Pferd bereits mit den verschiedenen Lernformen und der Nutzung seiner Wahrnehmung gemacht hat. Hat es für sich herausgefunden, dass es gut ist, auf sichtbare Gegenstände zu achten, um damit Aufgaben und Probleme zu lösen, oder ist es sehr bedacht, auf Geräusche zu hören, da diese ihm im Alltag weiterhelfen? Beispielsweise könnte es das täglich ankommende Auto des Besitzers sein, das darauf hinweist, dass gleich eine Futterbelohnung auf das Pferd wartet oder die ersehnte Beschäftigung am Tag bevorsteht. Oder hat das Pferd vielleicht gelernt, viele Dinge auszuprobieren, damit es eine Lösung findet, um zum Beispiel die Boxentür aufzumachen oder neue Gegenstände mit Huf und Maul zu untersuchen, weil es die Erfahrung gemacht hat, dafür vielleicht belohnt zu werden?

Je nachdem, welche Lernform und welcher Wahrnehmungseingang bisher vom Pferd öfter gewählt wurde, bilden sich bestimmte Vorlieben – auf neurologischer Ebene bestimmte neuronale Bahnungen, deren Übertragung damit auch immer besser wird. Im menschlichen Sinne wäre es der Mathemati-

Pferde hören und sehen sehr gut. Je nachdem, was ein Pferd im Laufe seines Lebens im Beisein des Menschen öfter zu nutzen gelernt hat, wird es in weiteren Aufgaben vermehrt einsetzen.

ker, der immer mehr Rechenaufgaben macht und diese immer schneller imstande ist zu lösen. Damit ist dieser auch motiviert, schwierigere Aufgaben anzugehen, da sie ihm immer leichter fallen. Das bedeutet nicht, dass wir unserem Pferd nicht auch ganz andersartige Aufgaben stellen können. Im Gegenteil. Wir sollten versuchen, die Sinne des Pferdes zu schulen und gleichzeitig auch verschiedene Lernarten anzuwenden. Die Balance und Kombination aus unterschiedlichen Aufgaben motiviert das Pferd, noch mehr nach Lösungsansätzen zu suchen, und bildet weiter die Selbstwirksamkeit aus.

Das Gedächtnis des Pferdes

Lernen und Gedächtnis funktionieren nur gemeinsam. Das Gedächtnis ist für das Behalten von Informationen, das Erinnern und das Wiedererkennen, aber auch das Vergessen verantwortlich. Lerninhalte werden im Gedächtnis abgespeichert. Somit kann das Pferd diese in bestimmten Situationen abrufen. Das Gedächtnis ist maßgeblich daran beteiligt, dass das Verhalten der Umwelt entsprechend reguliert wird. Dem Pferd wird damit ermöglicht, Situationen zu identifizieren, zu bewerten und sein Verhalten dementsprechend – nach bisheriger Erfahrung – anzupassen.

Pferde haben ein sehr gutes Gedächtnis. Sie können selbst nach 10 Jahren noch bestimmte Lernaufgaben lösen (Hanggi und Ingersoll, 2009). Wichtig für so eine gute Gedächtnisleistung ist sicherlich, dass das Pferd ständig neue Lernreize erfährt. Als Fluchttier wird das Pferd eher negative Assoziationen abrufen können, die eventuell wichtig für seine Sicherheit sind, als sehr komplexe Lernaufgaben. Wenn wir mit unserem Pferd gemeinsam ein positives Lerntraining gestalten, wird es damit auch sein Gedächtnis gut schulen können.

Das Pferd besitzt ein Kurz- und ein Langzeitgedächtnis (Hanggi, 2010). Um Inhalte aus dem Kurzzeitgedächtnis in eine dauerhaft abrufbare Form zu bekommen – also in das Langzeitgedächtnis – benötigt das Gehirn die sogenannte Konsolidierungsphase. In dieser Phase werden Inhalte dauerhaft abgespeichert. Diese Abspeicherung passiert in der Zeit zwischen den einzelnen Lernreizen, also in den Lernpausen. Dies kann beispielsweise die Zeit zwischen zwei Lernsessions oder zwei Trainingseinheiten sein. So zeigte sich, dass Pferde, obwohl sie eine bestimmte Aufgabe noch nicht korrekt abrufen konnten, sie diese nach einer dreimonatigen Pause beherrschten (Gabor, 2006). Um ein Lerntraining also effektiv zu gestalten, ist es besonders wichtig, auf die Pausen dazwischen zu achten (siehe Seite 34 »Wie oft macht Lerntraining Sinn?«).

Das Belohnungssystem und seine Botenstoffe

Die Natur hat das *Belohnungssystem* im Gehirn eingerichtet, um den Organismus zu motivieren, lebensnotwendige Handlungen wie Essen, Trinken oder die Fortpflanzung immer wieder auszuführen. Dieser belohnende Effekt findet im sogenannten limbischen System des Gehirns statt und der wichtigste Botenstoff, der dabei ausgeschüttet wird, ist das *Dopamin*.

Dopamin ist ein erregender, positiv wirkender Botenstoff. Er wird zum Beispiel ausgeschüttet, wenn wir eine leckere Speise essen, wenn wir lachen, uns freuen und motivierendes, anfeuerndes Feedback erhalten. Auf der anderen Seite kann Dopamin auch dazu führen, uns fälschlicherweise für Handlungen zu belohnen, die uns nicht guttun. Dies kann passieren beim Verzehr von besonders zuckerhaltigen Lebensmitteln oder aber beim Konsum von Alkohol, Zigaretten und Drogen. Durch unsere vermeintlich positive Erfahrung mit diesen Substanzen empfinden der Körper und die Psyche es als notwendig, diesen Stoff erneut zu bekommen, damit es uns gut geht. Dies ist natürlich ein Trugschluss und unser Belohnungssystem spielt uns dabei einen bösen Streich. So ist Dopamin leider auch dafür zuständig, Suchtverhalten zu fördern.

Können Pferde denn auch süchtig werden? Tatsächlich fällt mir immer wieder im Training auf, dass Pferde ebenso eine Art Suchtverhalten an den Tag legen können. Wir müssen aufpassen, dass wir unser Pferd durch süß schmeckende Leckerlis nicht zu einem Leckerli-Junkie heranziehen, der Stress bekommt, wenn er diesen Stoff nicht erhält. Dies sind Pferde, die übermotiviert unter Stress stehen, da sie in ständiger Futtererwartung sind. Dies kann sich in einem Verhalten äußern, in dem das Pferd unruhig tänzelnd versucht, alles Mögliche an Tricks abzurufen, um doch nur diese eine wichtige Belohnung zu erhalten.

Im positiven Sinne ist es natürlich sehr förderlich, auch Dopamin als erregenden positiven Botenstoff im Training einzusetzen.

Beispielsweise können wir dies nutzen, wenn wir unser Pferd in einer positiven Grundspannung, mit einem stimmlich anregenden »fein, gut gemacht!« loben und damit motivieren. Dies kann der Fall sein, während es gerade eine schöne Trabbewegung ausführt und wir es damit ermuntern, weiter diese positive Spannung zu erhalten. Wollen wir allerdings unser Pferd eher entspannen und beruhigen, sollten wir auf einen anderen Botenstoff – das *Serotonin* – zurückgreifen.

Serotonin wird in der Natur ausgeschüttet, wenn der Parasympathikus – der Ruhenerv des vegetativen Nervensystems – in Arbeit ist. Zum Beispiel passiert das, wenn Pferde in aller Ruhe dösen, sich sicher fühlen und die gesamte Körper- und Geisteshaltung entspannt ist. Studien der Humanpsychologie beschreiben, dass der Mensch mit seiner Körperhaltung sehr wohl auf das vegetative Nervensystem und damit den Parasympathikus und Sympathikus (den Fluchtnerv) Einfluss nehmen kann. Durch eine ruhige, entspannte Körperhaltung mit einer ruhigen Atmung können wir auch unseren Geist in einen ruhigen, entspannten, glücklichen Zustand versetzen – wir kennen dies aus der Meditation. Das Gegenteil davon wäre, wenn wir unter Stress stehen, eine kurze flache Atmung bekommen und einen angespannten Körper haben, dann wird in unserem Körper Adrenalin und Kortisol ausgeschüttet. Dies sind die körpereigenen Substanzen, die den Flucht- und Stressnerv des vegetativen Nervensystems – den Sympathikus – anregen.

Schaffen wir es also, das Pferd zwischen unseren Lern- und Trainingsreizen in eine ruhige, entspannte sichere Körperhaltung zu bringen, können wir davon ausgehen, dass im Pferd Serotonin als positiver, beruhigender Botenstoff, als neuronales Feedback ausgeschüttet wird. Dies können wir hervorragend mit der Übung des Kopfsenkens erreichen (siehe Seite 50 »Kopfsenken zur Entspannung«).

Genauso aber sollten wir das Dopamin als positiven, erregenden Botenstoff – durch motivierend anregende Belohnungen – mit in unser Training einbeziehen. Dies kann das stimmlich motivierende Lob sein oder eben auch die gut dosiert eingesetzte Futterbelohnung.

Was für eine Rolle spielen Emotionen beim Lernen?

Was *Emotionen* genau sind, ist auch in der Wissenschaft schwierig zu definieren. Sie sind ein subjektives Gefühlserleben. Sie bewerten Objekte, Assoziationen, die Umwelt, in der wir uns befinden, und Situationen. Sie sind lebensnotwendig, um gefährliche Situationen, die mit Angst oder Furcht verbunden waren, zu vermeiden und andere wiederum als wertvoll abzuspeichern, in denen eine positive Emotion gefühlt wurde. Wie schon beschrieben, ist das Belohnungssystem mit seinen Botenstoffen Dopamin und Serotonin äußerst wichtig darin, wohltuende Begegnungen und Situationen abzuspeichern, indem es Verknüpfungen mit positiven Emotionen schafft. Für das Flucht- und Beutetier Pferd sind negativ besetzte Reize, also solche, die mit Schmerz, Angst und Stress verknüpft wurden, diejenigen, die das Pferd instinktiv meidet. Dieses Verhalten und das Lernen und Abspeichern von negativen Reizen und Situationen ist für das Pferd überlebenswichtig.

Aus diesem Grund ist es so schwierig, schlechte Erfahrungen im Leben und auch in der Ausbildung des Pferdes wieder positiv zu besetzen. Es ist möglich, jedoch kann man es sich so vorstellen, als würde man positive Schichten aus angenehmen Verknüpfungen über ein einziges negatives Erleben darübersetzen. Nur so kann das Pferd wieder eine angenehme oder sogar wohltuende Empfindung in den einst negativ bewerteten Situationen fühlen. Wenn wir durch einen verantwortungsvollen Umgang und auch durch gezieltes Lerntraining immer wieder Situationen herbeirufen, die das Pferd mit uns und den Aufgaben positiv besetzt, kann ein Prinzip für das Pferd etabliert werden, bereits negativ abgespeicherte Eindrücke und Reize schneller umzulernen.

Negative Emotionen, wie die Empfindung von Angst und Stress, sollten wir vermeiden, wenn es um das positive Abspeichern von neuen Eindrücken geht. Genauso schädlich für das Lernen sind innere Gefühlszustände wie Frust oder Aggression. Diese Emotionen können von äußeren Bedingungen ausgelöst werden, zum Beispiel ungewohnten und Angst auslösenden Situationen und Umgebungsreizen. Sie können aber auch durch den Menschen ungewollt initiiert werden. Beispielsweise kann Frust beim Pferd entstehen, wenn der Mensch unklare Signale in der Kommunikation aussendet. Das Pferd versucht eine Lösung zu finden, der Mensch ist aber in seiner eigenen Wahrnehmung entweder nicht achtsam genug, dieses zu erkennen, oder besitzt ein noch nicht stimmiges Timing. Loben wir zum Beispiel zu spät und das Pferd hatte schon einige Sekunden zuvor eine gute Idee, oder versuchen wir eine Übung immer wieder, ohne dass das Pferd den richtigen Lösungsansatz findet, überfordern wir es. Dadurch entsteht beim Pferd eine Frustration, die es versucht, in irgendeiner Form wieder loszuwerden. Als Folge könnte es ein Vermeidungslernen entwickeln, welches in Ängstlichkeit oder Abwehrverhalten mündet, bis hin zur aggressiven Abwehr. Den Druck, den das Pferd in dieser Lernphase der Lösungsfindung verspürt, ist zunächst normal und zielführend. Besteht dieser jedoch zu lange, ohne eine positive Bewältigung gefunden zu haben, wird diese Situation als negativ abgespeichert.

Wichtig ist, dass Pferde auch die Möglichkeit haben, positive Emotionen empfinden und ausleben zu dürfen. Dies ist ein essenzieller Ausgleich für die Psyche.

Bemerken wir, dass unser Pferd sich immer mehr in eine negative Emotionalität hineinbegibt, sollten wir diesen Prozess unterbrechen. Es hilft zu analysieren, wie es dazu kommen konnte, und besonders, was wir als Signalgeber in diese Situation hineingegeben haben. Dieses selbstreflektierte Verhalten bringt uns nicht nur weiter, sondern hilft auch, für das nächste Mal klarer mit dem Pferd umzugehen und vielleicht bereits positive Lösungsansätze des Pferdes im Detail besser wahrnehmen zu können.

Stress

Stress bereitet grundsätzlich den Organismus auf eine Notsituation vor. Stresshormone werden ausgeschüttet, der Organismus in Erregung versetzt, so dass er – wie beim Fluchttier Pferd – jederzeit alle Reserven mobilisieren könnte, bereit zur Flucht.

Komplett ohne Stress ist Lernen jedoch auch nicht möglich. Wichtig ist es deshalb zu unterscheiden zwischen einem guten Anpassungsstress (Eustress) und dem sogenannten »schlechten« Stress, der das Lernen verhindert (Distress).

Eine gewisse Art von Stress (*Eustress*) ist ein notwendiger Bestandteil des Lebens. Der Organismus lernt, sich an immer unterschiedlichere Situationen anzupassen, sowohl psychisch als auch physisch. Diese Adaptation (Anpassung) findet statt, indem sich das Tier oder auch der Mensch mit seinem Verhalten an die Stresssituation anpasst. Wir kennen es bei uns, wenn wir beispielsweise in einer Prüfungssituation sind oder einen Vortrag vor mehreren Menschen halten müssen. Wir werden leistungsfähiger und wachsen zum Teil über uns hinaus. Die nächste ähnliche Situation können wir dann schon viel leichter bewältigen. Wir haben uns also genau dieser Situation angepasst und wissen, dass wir sie meistern können. Vielleicht empfinden wir nach einigen dieser positiven Erfahrungen in dieser Situation gar keinen Stress mehr und haben mit dieser erfolgreichen Anpassung unsere Komfortzone erweitert. Ähnlich ist es beim Pferd, es sieht sich unter einem gewissen Druck, die Situation zu lösen. Dies kann sowohl im natürlichen Zusammenhang vorkommen, beispielsweise in einer Konfliktsituation in der Herde, als auch im Trainingsmoment mit uns. Dem Pferd grundsätzlich allen Stress in seinem Leben nehmen zu wollen, ist daher zum einen nicht möglich, zum anderen auch nicht zielführend.

Dennoch müssen wir sehr wachsam sein und unser Pferd genau beobachten, um welche Form von Stress es sich handelt. Denn der Übergang zu einem schlechten Stress ist fließend.

Beim *Distress* hingegen kommt es zum Teil zu irreparablen Schäden physischer oder psychischer Art. Der Körper leidet durch Belastung des Herzkreislaufsystems (siehe »active coping«) oder Abbau von Substanz (»passive coping«). Der Organismus kommt in keine Erholungsphase mehr, um sich vollständig zu regenerieren, und er baut nach und nach immer weiter ab. Diese Form von Stress kann bis hin zum Tode führen. Es ist äußerst wichtig, länger andauernde Stresssymptome beim Pferd zu erkennen. Dies ist nicht immer ganz einfach, denn Stress äußert sich in verschiedensten Formen.

Wie erkennt man Stress beim Pferd?

Es gibt sehr offensichtliche Anzeichen für eine akute Stressreaktion beim Pferd. Pferde zeigen Stress und eine psychische Angespanntheit über ihre Mimik und über ihre Gestik. Deutliche Anzeichen sind eine erhöhte Muskelspannung, ein aufgestellter Schweif, eine hohe Kopfhaltung, laute Atemgeräusche und vermehrtes Schwitzen sowie ein höchst angespannter Gesichtsausdruck. Im Gesicht des Pferdes wird akuter Stress sehr deutlich über weit aufgerissene Augen, offene Nüstern und eine im allgemeinen angespannte Gesichtsmuskulatur.

Das vegetative Nervensystem bringt über den Sympathikus - den Fluchtnerv - den Organismus in eine Fluchtbereitschaft. Adrenalin und Kortisol werden in den Körper gepumpt, so dass das Pferd in diesem Moment fluchtbereit ist.

Schwieriger zu erkennen ist dauerhafter Stress, den Pferde nicht unbedingt in einer höheren Aktionsbereitschaft zeigen, sondern manchmal eher »in sich« ausmachen. Auch hier lässt sich der Stress oft über die Mimik des Pferdes erkennen. Darauf werden wir später näher eingehen, zunächst ist es wichtig, verschiedene Bewältigungsformen bei Pferden kennenzulernen. Diese sind aus der Humanpsychologie übertragbar und finden sich auch beim Pferd wieder.

Man unterscheidet zwischen aktiven Bewältigern und passiven Bewältigern - dem sogenannten »active« und »passive coping«. Beide Formen der Stressbewältigung sind normal in der Natur auftauchende Bewältigungsstrategien. Jedes Individuum neigt von Natur aus eher zu einer der beiden Formen, es gibt aber auch Mischtypen. Der aktive Bewältiger versucht, um Stresssituationen gut meistern zu können, aktiv mit der Umwelt zu interagieren. Wenn der Stress länger anhält, führt das zu einem immer ausgeprägteren Aktionismus bis hin zur Aggressivität. Hält der Stress dauerhaft an, wird das Herz-Kreislauf-System des Organismus mit der Zeit immer mehr geschädigt. Man könnte es in der Menschenwelt vergleichen mit einem immer unter Stress stehenden Manager, der Gefahr läuft, eventuell einen Herzinfarkt zu bekommen. Bei passiven Bewältigern kommt es im Gegenteil in Stresssituationen zur innerlichen Aufgabe, beziehungsweise Resignation. Der passive Bewältiger »frisst Probleme in sich hinein«. Das »Nichtstun« und »Über-sich-ergehen-Lassen« kann als kurzfristige Stressbewältigung ausreichend sein, solange eine Rekonvaleszenz-Phase danach folgt, in der der Körper regenerieren kann. Auch hier führt der dauerhafte Stress zur Schädigung des Körpers und der Psyche. Beim passiven Bewältiger führt dies mit der Zeit zu Substanz- und Muskelabbau und zu einer Schwächung des Immunsystems. Wie man sieht, sind auch die von der Natur eingerichteten Bewältigungsstrategien nur für kurzfristigen Stress ausgelegt, so dass sich das Tier oder auch der Mensch nach und nach an die ihm gestellte Situationen anpassen kann. Kein Organismus ist auf dauerhaften Stress ausgelegt und die Folgen eines andauernden Stresses sind immer ein psychischer und körperlicher Abbau beziehungsweise eine Übererregung, was bis hin zum Tode führen kann.

Ein wacher und neugieriger Gesichtsausdruck spiegelt Interesse an der Umwelt wider.

Wenn ein Pferd ein verspanntes Maul oder erhöhte Kauaktivität zeigt, sollte dies nur von kurzer Dauer sein. Lang anhaltende Verspannungen in der Maulpartie deuten auf innerliches Unbehagen oder Stress hin

Bei entspanntem, aufmerksamem Gesichtsausdruck und wachem Ohrenspiel ist das Pferd aufnahmefähig für Lernreize.

Verspannung kann ebenso an geringem Ohrenspiel und einer starren Haltung erkennbar sein.

Pferde wie auch Menschen neigen meist zu einer der beiden Strategien. Aber es kann auch eine Mischform auftreten oder sich die Strategie durch gemachte Erfahrungen im Leben ändern. Hat ein Pferd zum Beispiel herausgefunden, dass es mit Aggressivität, Stress von sich abhalten kann, obwohl es nicht unbedingt ein dominanter Typ ist, wird es diese Strategie wieder und wieder anwenden – hat sie ihm doch eine Erleichterung verschafft. Bei manchen Pferden ist es auch so, dass sie sehr lange negative Zustände in sich kompensieren, der Frust sich nach und nach aufstaut und man ihnen von außen den Stress gar nicht unbedingt ansieht, sie aber, wenn das »Fass überläuft« plötzlich »explodieren«. Diese Situationen können äußerst gefährlich für Pferd und Mensch werden, da diese vermeintlich unvorhergesehen sind.

Gerade die Form der passiven Stressbewältigung lässt sich von außen nicht immer gut erkennen. Wie oben schon erwähnt, verrät die Mimik des Pferdes einiges. Erkennen wir bei einem ruhig wirkenden Pferd eine hohe Grundspannung im Gesicht, schließt das auf Stress oder sogar Schmerzen. Hierzu wurde eine interessante Studie von Della Costa et al. (2014) durchgeführt, die die sogenannte »horse grimace scale« erstellten. Es wird beschrieben, dass verschiedene Bereiche im Gesicht des Pferdes unter muskuläre Spannung geraten können. Zum Beispiel die Augenpartie, hier werden bei Anspannung deutlich Falten über den Augen erkennbar, die das Auge vergrößern und das Weiß zum Vorschein bringen. Maul und Nüstern sind weitere deutliche Anzeichen. Das zusammengepresste oder sogar offene Maul, die schmal hochgezogenen oder geblähten Nüstern zeigen nach außen hin deutlich den inneren Stresszustand des Pferdes. Eine angespannte Kaumuskulatur gibt auch einen guten Rückschluss auf eine innerliche Spannung des Tieres. Sehen wir den fächerförmigen Kaumuskel seitlich am Unterkiefer des Pferdes, presst dieses gerade Ober- und Unterkiefer zusammen, was genauso wie beim Menschen auf Stress hindeutet. Auch wir kompensieren über unseren stärksten Körpermuskel (den Kaumuskel) innerlichen Stress. Beim Menschen wird dies deutlich, wenn er nachts mit den Zähnen knirscht und dadurch Nacken- und Kopfschmerzen verursacht werden.

Die Ohren des Pferdes zeigen, wenn seitlich starr abgestellt, auch eine Form von innerlicher Kompensation oder Resignation, bei dem das Ohrenspiel nahezu verloren geht. Eine äußere klare Wachheit, die das Pferd über die Mimik zeigt, spiegelt eine natürliche Interaktion mit der Umwelt wider. Geht dies verloren und man erkennt starre Unbeweglichkeit im Gesicht des Pferdes, ist dies immer ein Alarmzeichen und man sollte genau die äußeren und inneren Umstände des Tieres prüfen.

Wichtig ist nochmals zu erwähnen, dass immer der kurzfristige Anpassungsstress, der dann wieder in eine Erholungsphase führt, normal und auch sinnvoll für jeden Organismus ist. Aber jeder langanhaltende, nicht zu bewältigende Stress ist für jedes Tier und auch für den Menschen psychisch und körperlich ungesund. In lang andauernden Stressphasen ist der Körper wie in einem Überlebensmodus. Dieser erhält die wichtigen Organe am Leben, kommt aber in dieser Zeit nicht zur Ruhe und in die Erholung, da dieser lebenserhaltende Zustand nur für einen kurzen Zeitraum ausgelegt ist. In dieser Dysbalance wird das Lernen nicht nur eingeschränkt, sondern auch die natürliche Anpassungsfähigkeit, die über das Lernen stattfindet, geht irgendwann völlig verloren.

Es liegt also an uns, eine Atmosphäre zu schaffen, in der das Pferd zwar eine Herausforderung verspürt, aber immer noch fähig ist, sich durch ein gutes Lernen anzupassen und auch mit uns gemeinsam neue Situationen zu bewältigen.

Wie oft macht Lerntraining Sinn?

Oft ist weniger mehr. Wir kennen es von uns selbst: Sind wir gezwungen, jeden Tag mehrere Stunden auf eine Prüfung zu lernen, haben wir den Eindruck, uns nichts merken zu können, geschweige denn Freude am Lernen zu empfinden. Sind wir aber motiviert, bestimmte Dinge zu lernen, weil wir das Gefühl haben, sie helfen uns weiter und wir schaffen es schon nach kurzer Zeit eine Lösung zu finden, werden wir gerne neue Dinge dazulernen wollen.

Im täglichen Umgang erfährt unser Pferd von uns und seiner Umgebung viele Außenreize. Dies sind Lernreize, die es zu verarbeiten gilt. So kann ein Spaziergang auch schon eine Herausforderung sein.

Ähnlich ist es beim Pferd: Tritt erst einmal eine Überforderung ein und geht der Sinn bestimmter Aufgaben für das Tier verloren, wird es nicht länger motiviert sein, einen Lösungsweg zu suchen, sondern sich eventuell der neuen Situation sperren oder sogar anfangen, sich zu wehren. Da wir dem Pferd nicht erklären können, warum es manche Dinge lernen soll, zum Beispiel bestimmte Lektionen, um seine Gymnastik und seinen muskulären Aufbau zu verbessern, sind wir dafür zuständig, die Motivation des Pferdes aufrechtzuerhalten. Kurze Lernphasen und ein guter Grad an Abwechslung in den Aufgaben können positiv dazu beitragen, dass das Pferd schon nach kurzer Zeit weiß, wofür es die Dinge tut, die wir von ihm möchten.

Frust oder auch eine negative Emotion kann bei Pferden schon nach Minuten auftreten, in denen sie unter gewissem Stress stehen. Aus diesem Grund ist es sehr wichtig, Aufgaben dem Pferd zu stellen, die es breits nach sehr kurzer Zeit – vielleicht sogar nach ein paar Sekunden – lösen kann. Die Anforderungen steigern sich dann nach und nach und das Pferd wird immer toleranter Situationen gegenüber, die vielleicht zunächst etwas frustrierend sind. Vom Leichten zum Schweren und vom Einfachen zum Komplexen sind dabei sehr sinnvolle Leitsätze, wie man Übungen und neue Lernaufgaben für das Pferd aufbauen sollte. Dabei sollte nicht nur die Dauer einer einzelnen Trainings- und Lerneinheit beachtet werden, sondern auch die Häufigkeit dieser Einheiten. Pausen sind –

wie schon erwähnt – für die Lern- und Gedächtnisbildung äußerst relevant. In einer Einheit selbst sollten schon viele kleine Pausen eingehalten werden und zwischen den Lernsessions sollte auch einige Zeit liegen. Eine Studie aus der Pferde-Lernforschung zeigte, dass Pferde, die zweimal in der Woche trainiert wurden, zur Bewältigung der Aufgabe die wenigsten Einheiten brauchten. Die Pferde, die nur einmal wöchentlich und die, die dreimal wöchentlich ins Lerntraining mussten, schnitten weniger gut ab (Rubin et al, 1980).

Wir dürfen auf der anderen Seite nicht vergessen, dass das Pferd täglich von uns Lernreize und Aufgaben erfährt. Allein wenn wir es aus dem Stall holen, spazieren gehen, ein bisschen Bodenarbeit machen oder unser tägliches Reitprogramm durchziehen, ist das für Pferde oft schon sehr viel, besonders wenn auch Situationen im Umgang und bei der Bewegung des Pferdes negativ besetzt sind. Wir sollten also ganz genau hinschauen, wie sich unser Pferd fühlt, wenn wir mit ihm umgehen und mit ihm trainieren. So kann schon das tägliche Training eine Überforderung für das Pferd darstellen und es sieht darin nicht viel Positives.

An uns liegt es, Überforderung und Stressanzeichen des Pferdes zu erkennen. Diese spielen sich manchmal sehr subtil auch nur in einer Veränderung seiner Mimik ab. Ein Alarmzeichen wäre es, wenn Pferde dauerhaft unter einer gewissen körperlichen und somit auch psychischen Spannung sind, während sie mit uns zusammenarbeiten. In den Pausen innerhalb einer Trainingseinheit ist es deswegen so wichtig, darauf zu achten, dass unser Pferd sich wirklich körperlich und mental entspannen kann. Nur so kann das Lerntraining – beziehungsweise die normale Reiteinheit, die auch darunterfällt – als insgesamt positiv vom Pferd empfunden und abgespeichert werden.

Konzentration

Wenn wir es nicht gewohnt sind, uns zu konzentrieren, fällt es uns nach sehr langen Lernpausen schon schwer, eine nicht allzu komplizierte Rechenaufgabe zu lösen. Von Seiten der Wissenschaft ist es nicht eindeutig zu sagen, wie lange sich Pferde tatsächlich konzentrieren können. Wir alle wissen, dass man Jungpferde kürzer trainieren sollte als Pferde, mit denen schon länger gearbeitet wird. Man spricht bei Jungpferden gerne einmal von 20 Minuten oder einer halben Stunde. Tatsächlich aber können wir davon ausgehen, dass Pferde sich nur minutenweise konzentrieren können. In einer Studie, in der Pferde hoch komplexe Lernaufgaben bis hin zur Anzahlerkennung lösten, auf die sie anderthalb Jahre trainiert wurden, war es ihnen nach einer einjährigen Lernpause nicht mehr möglich, die Aufgabe zu lösen (Gabor und Gerken, 2019). Woran kann dies nun liegen? Innerhalb der langen Lernphase, in der die Pferde unterschiedliche Lernschritte absolvieren mussten, waren sie mit der Zeit darauf trainiert, die gestellte Aufgabe innerhalb von sieben Minuten zu lösen. Es wurden ihnen in diesen Minuten insgesamt 20 Konstellationen von Anzahlen gezeigt, die sie einander zuordnen mussten (siehe Seite 125).

Während der anschließenden einjährigen Trainingspause wurden den Pferden keine weiteren Lernaufgaben gestellt und sie wurden auch nicht vom Menschen anderweitig trainiert oder gezielt bewegt. Die Vermutung ist, dass die trainierte Aufmerksamkeitsspanne von sieben Minuten durch die lange Pause nicht weiter aufrechterhalten werden konnte und die Pferde nach einem Jahr aus Konzentrationsgründen die Aufgabe nicht mehr schafften. Zwar ist es bereits erwiesen, dass Pferde nach 10 Jahren komplexe Aufgaben noch abrufen können (Hanggi und Ingersoll, 2009), doch der Unterschied zu diesen

Pferden war, dass sie in einem andauernden Lerntraining und verschiedenen Kursen mitarbeiteten. Es ist demnach also gut möglich, dass schon wenige Minuten Konzentration auf eine Aufgabe ein recht langes Training voraussetzt. Wir können daher nicht davon ausgehen, wenn wir unser Pferd vorbereiten und 60 Minuten mit ihm trainieren, dass dies solange seine Aufmerksamkeit auf uns oder die Aufgabe richten kann.

Schauen wir uns die natürlichen Lebensumstände von Pferden an, so sind diese dafür gemacht, ihre Aufmerksamkeit schnell von einem Reiz auf einen anderen zu lenken. Würde sich das Pferd zu lange auf eine Sache beispielsweise das Fressen konzentrieren und wäre nicht ablenkbar, könnte es schnell zu spät sein, wenn es einen Gefahrenreiz wie das Heranschleichen eines Raubtieres nicht bemerkt.

Die Konzentrationsfähigkeit des Pferdes ist von der Natur aus begrenzt und muss nach und nach trainiert werden.

Wenn wir im Sinn behalten, dass es also für das Pferd eher unnatürlich ist, sich lange Zeit auf eine Sache zu konzentrieren, wir dies uns aber für unser Training wünschen, muss uns ebenso klar sein, dass diese Konzentrationsfähigkeit trainiert werden muss. Wir können dem Pferd also auch nicht vorwerfen, wenn es sich zu Beginn eines Trainings schnell ablenken lässt, dies liegt in seiner Natur.

Die Konzentration ist also wie ein Muskel, den wir trainieren müssen. Bemerken wir, dass nach einer gewissen Zeitspanne in der Trainingseinheit das Pferd immer abgelenkt wird und anfängt, weniger präzise auf unsere Signale zu reagieren, bedeutet das nicht, direkt aufhören zu müssen. Sondern wir sollten für ein paar Momente noch im Training bleiben und die Aufmerksamkeit des Pferdes wieder zurück zu uns holen und erst dann das Training beenden. So überschreiten wir kurzfristig die Leistungsgrenze des Pferdes und können damit, wie auch im Muskelaufbau oder bei psychischen Grenzen, diese erweitern und damit auch die Konzentrationsspanne erhöhen.

Der richtige Ausgleich zum Lerntraining

Ein guter Lerner braucht einen guten Ausgleich zum Training! In der Leistungsphysiologie ist es ganz selbstverständlich, dass der Sportler nach schwereren Trainingsreizen – wenn sein Organismus, seine Muskulatur und sein Kreislauf angestrengt wurden – eine gewisse Erholungspause braucht, um wieder zu regenerieren. Für die Psyche gilt das gleiche. Für unser Lerntraining wissen wir bereits, dass häufige Pausen innerhalb einer Einheit

Der Sozialkontakt in der Herde, natürliche Bewegung und viel strukturiertes Futter sind der beste Ausgleich für ein gutes Lerntraining.

und auch zwischen den Lernsessions Sinn machen (siehe »Wie oft macht Training Sinn?«).

Es ist aber ebenso wichtig, was in diesen Pausen zwischen den Lernsessions für das Pferd passiert. Wird es in dieser Zeit in einer Einzelbox ohne Auslauf, ohne Sozialkontakt und ohne ausreichend Bewegungsmöglichkeit gehalten oder kann es in dieser Zeit seinen natürlichen Bedürfnissen als Pferd nachgehen? Kann es sich also wirklich körperlich und mental erholen? Der seelische Ausgleich und die mentale Gesundheit dürfen in der gesamten Konstitution des Pferdes auf keinen Fall unterschätzt werden. Hat das Pferd allein durch seine Haltungsform unterschwelligen Stress, ist die Grenze zur Überforderung im Training viel niedriger, da das Pferd nicht wirklich erholt in diese Einheit einsteigen kann. Dies wäre zu vergleichen mit einem Menschen, der durch Familie und Haushalt schon so viel Stress erlebt, dass sein Arbeitspensum täglich kaum zu bewältigen ist. Bei Menschen kann dies zum sogenannten Burnout und zur Depression führen. Diese Anzeichen können Resultat einer ständigen und anhaltenden Überforderung und einem zu lang andauernden hohen Stresspegel sein. Da wir diese Form von »Ausgebranntsein« in der Tierwelt wissenschaftlich noch nicht direkt fassen und umschreiben können, ist es umso wichtiger, Anzeichen von diesem lang andauernden, unterschwelligen Stress zu erkennen. Es gibt dabei zwei sehr deutliche Anzeichen im Verhalten von Pferden, die in zwei ganz unterschiedliche Richtungen gehen können: Es gibt Pferde, die Stress passiv bewältigen und solche, die sehr aktiv versuchen, mit ihrer Umwelt in Stresssituationen umzugehen (siehe Stress S. 32). Diese zuvor schon beschriebenen Formen der Stressbewältigung sollten wir bei unserem Pferd sensibel erkennen und einschätzen lernen. Wir finden diese Bewältigungsstrategien auch beim Menschen. Somit ist es womöglich ein Alarmzeichen, wenn Pferde immer ruhiger werden und sich in sich zurückziehen, aber auch wenn sie immer aggressiver versuchen, Probleme zu lösen. Beide Extreme sind ungesund für den Organismus. Das Wichtigste ist, um auch dauerhaft gesund zu bleiben, die schon beschriebenen Erholungspausen zwischen Stressmomenten zu erhalten. Bieten wir unserem Pferd ein möglichst natürliches Umfeld, in dem es leben kann, schaffen wir damit auch den besten Grundstein dafür, um ein motiviertes und gern lernendes Pferd zu bekommen.

Die richtige Lernumgebung

Um das Lernen effektiv gestalten zu können, bedarf es eines Umfeldes, das möglichst wenig Stress auslöst. Es ist ratsam, neue Aufgaben, die wir unserem Pferd stellen, in einer Umgebung auszuführen, in der sich das Pferd wohlfühlt – einem sogenannten Komfortbereich. Dies kann die bekannte Reithalle oder der Roundpen sein. Eine neue Aufgabe kann aber auch einmal auf der Koppel oder im Paddock gestellt werden, je nachdem, was man mit dem Pferd machen möchte. Unter Stress lernt es sich nicht gut (siehe Eustress und Distress Seite 31). Bringen wir das Pferd in eine Situation oder Umgebung, in der der Stresslevel an sich schon sehr hoch ist, kann es sein, dass es sich wenig bis gar nicht auf eine neue Aufgabe konzentrieren kann. Meistens ist in einer unbekannten oder auch vorher mit Stress besetzten Umgebung das Pferd sehr auf Außenreize fixiert. Natürlich gilt es in diesen Augenblicken das Pferd zu beruhigen, indem man von ihm Dinge abverlangt, die es bereits gut kann und kennt. Damit schafft man Ruhe, Vertrauen und Sicherheit in dieser Situation. An dieser Stelle sollten nicht neue Aufgaben eingefordert werden. Nach dem Leitsatz vom Leichten zum Schweren, sollten in einer »leichten« Umgebung neue Aufgaben mit positiven Assoziationen besetzt werden, die dann später auch auf »schwerere« Situationen und Bereiche übertragen werden. Die »schwerere« Umgebung ist also die, in der das Pferd grundsätzlich einen höheren Ablenkungsgrad hat: zum Beispiel in einer fremden Reithalle oder im Gelände oder aber, wenn es von seiner Gruppe isoliert ist.

Wir sollten also immer versuchen, uns in den Kopf unseres Pferdes hineinzuversetzen: Warum empfindet es in diesem Moment Unbehagen oder Stress? Es kann natürlich auch unerwartet ein höherer Stresslevel herrschen, wenn sich beispielswiese die bekannte Umgebung plötzlich verändert hat. Dies kann allein durch eine Veränderung von Außenreizen stattfinden: Der Traktor steht an einer anderen Stelle, die Schubkarre steht in einer anderen Ecke oder es wurde geschmückt für den Tag der offenen Tür. Pferde gleichen ihre Umgebung sehr gut mit Bekanntem ab. Da kann eine Veränderung sogar mehr Stress bedeuten, als wenn man mit dem Pferd gleich an einem anderen Ort trainiert. Dafür muss man sein Pferd gut kennen oder zumindest in dieser Situation sehr gut wahrnehmen, ob es gerade unter einer erhöhten Spannung steht oder entspannt ist.

Haben wir neue Lektionen, Übungen oder kleine Lerntests mit dem Pferd in einer Komfortumgebung stabil gelernt, können diese Aufgabe in eine etwas schwierigere Situation übertragen werden. Das Gute daran ist, den Schwierigkeitsgrad auch von der Umgebung her nach und nach zu erhöhen, dass der Lerninhalt immer mehr gefestigt wird. Wir kennen es von uns selbst, können wir eine Sache sehr gut, beispielsweise zu einem bestimmten Thema einen Vortrag halten, sind wir irgendwann nicht mehr davon abhängig, wo wir diesen Vortrag halten, denn wir fühlen uns so sicher, dass es egal ist, ob es 10 oder 60 Leute sind, vor denen wir sprechen. Stabile Lerninhalte können dem Pferd also sogar Sicherheit geben, wenn sie in einer Situation abgerufen werden, in der das Pferd zunächst unsicher ist. Hier sollten wir aber nicht den zweiten Schritt vor dem ersten machen, sondern auf Lerninhalte zurückgreifen, die das Pferd schon gut beherrscht.

Praktische Lernaufgaben
Kreative Lernaufgaben fördern die Motivation und sind ein tolles Beziehungstraining.

Welche Lernaufgabe soll es sein?

Pferde lernen ständig und überall. Dies haben wir in dem vorherigen Kapitel zum Lernen und den unterschiedlichen Lernarten bereits gesehen. So gibt es auch unterschiedliche

Lernaufgaben, die wir unserem Pferd stellen können. Ist mein Pferd zum Beispiel hochsensibel und ist es eher ängstlich in neuen Situationen, würden wir besser eine Gewöhnungsübung wählen. Ist es dagegen oft nicht motiviert und wirkt eher faul, würden wir uns bei diesem Pferd vielleicht für eine Sensibilisierungs-Aufgabe entscheiden.

Achtet das Pferd gut auf die relevanten Signale und lässt es sich auch in Schrecksituationen leicht beruhigen, können wir weitermachen mit anderen Konditionierungsaufgaben (siehe Seite 70). Ob Bewegungs- oder Unterscheidungsaufgabe von Zahlen, Mustern oder Gesichtern bleibt dann ganz unserer Kreativität überlassen. Wir werden feststellen, dass unser Pferd ganz bestimmte Lernaufgaben sehr gerne löst, andere vielleicht nicht. Dies birgt den Vorteil, unser Pferd auch besser kennenzulernen und ganz individuell seine Motivation in unserer gemeinsamen Arbeit zu fördern. Dies bedeutet nicht, dass wir nicht auch einmal eine Aufgabe stellen, die dem Pferd zunächst schwerfällt, ganz im Gegenteil. Je mehr das Pferd die Erfahrung macht, dass es auch unbekannte oder vielleicht zunächst ein wenig unangenehme Aufgaben und Situationen gut lösen kann, umso mehr wird es uns vertrauen, dass wir ihm nie eine Aufgabe stellen werden, die für es nicht positiv ausgeht. Wie auch schon bei den Stressformen erwähnt, bedeutet ein gewisser Lernstress, eine Aufgabe lösen zu wollen oder sich einer Herausforderung gegenüber zu sehen, zunächst überhaupt nichts Schlimmes (Eustress). Das Verhalten des Pferdes passt sich immer mehr an neue Situationen an und fördert so sein Selbstvertrauen – oder vielleicht besser gesagt: seine Selbstwirksamkeit.

Wir lernen zusätzlich durch die verschiedenen Lernaufgaben, die wir unserem Pferd stellen, seinen Charakter besser kennen. Ist es schnell frustriert oder hält es lange durch – kann es sich vielleicht nicht so lange konzentrieren – oder ist es ein Musterschüler? Wir können umso gerechter mit unserem Pferd umgehen, wenn wir es einschätzen können, es besser kennenlernen und ihm bei neuen Aufgaben helfen, diese zu lösen. Wir lernen auch selbst dazu und wissen irgendwann immer besser, was ihm zwischendurch guttut und ihm gefällt. So können wir unser Pferd stets neu motivieren, mit uns zusammen neue Dinge kennenzulernen und »Probleme« zu lösen.

Gewöhnung und Sensibilisierung

Sensibilisierung findet dann statt, wenn Signale für das Pferd relevanter und bedeutsamer werden. In den meisten Übungen, die hier beschrieben werden, findet immer zusätzlich zu einem Konditionierungsprozess auch die Sensibilisierung auf unsere Signale statt. Die Gewöhnung hingegen, können wir gezielt in Schrecksituationen oder bei der Furcht vor Schreckgegenständen positiv einsetzen.

Sensibilisierung

Die Hauptkommunikationsform von Pferden untereinander spielt sich über die Mimik und die Gestik, also die Körpersprache, ab. Um

Körperanspannung und Körperentspannung werden auf natürliche Weise vom Pferd wahrgenommen und auch übernommen. Lernen wir diese gezielt einzusetzen, bedienen wir uns einer sehr natürlichen Kommunikationsform.

unser Pferd fein auf unsere Signale zu sensibilisieren, müssen wir uns unserer Körpersprache bewusst werden. Zur Körpersprache gehören nicht nur die Veränderung im Gesicht (Mimik) und die Veränderung der gesamten Körperhaltung (Gestik), sondern besonders auch die Körperspannung und die Körperentspannung, die hinter einem Signal steht. Denn darauf achten Pferde ganz besonders. In der Pferdeherde synchronisieren Pferde die Körperspannung. Das bedeutet, wenn eines oder mehrere Pferde hohe Körperspannung zeigen, folgen andere dieser Spannung, um sich auf die Flucht vorzubereiten oder direkt zu flüchten. Fangen auf der anderen Seite mehrere Pferde an, sich zu entspannen, greift auch dies auf die ganze Herde über. Sie gleichen also ihre Körperspannung einander an. Dies ist auch der Grund, warum wir so selbstverständlich, aber doch auch so fein über diese Signale mit unserem Pferd kommunizieren können. Wenn wir uns dessen bewusst sind und uns gezielt in eine Grundspannung, aber auch bewusst in eine Entspannung versetzen können, kommunizieren wir auf die natürlichste Weise, die wir haben, mit unserem Pferd. Wenn wir durch diese positive Kontrolle unserer eigenen Körpersprache dem Pferd vermitteln, dass diese von Wert ist – also diese Signale eine Bedeutung haben – wird es auf diese Form von Signalen immer sehr sensibel reagieren, denn das steckt in seiner Natur.

Soll unser Pferd also aktiv in einer muskulären, positiven Grundspannung reagieren –

zum Beispiel in weichenden Übungen (siehe Bild Seite 43), dann setzen wir selbst eine gewisse Grundspannung in das Signal hinein. Wir machen uns etwas größer, atmen ein, unsere Muskeln spannen sich an, wir gucken auf einen bestimmten Punkt, in diesem Fall auf die Hinterhand des Pferdes. Sobald das Pferd reagiert, entspannen wir sofort wieder. Wollen wir hingegen, dass eine kurze Pause entsteht und das Pferd unsere Entspannung aufnimmt, gehen wir mit ihm ein Stück, lassen die Schultern etwas fallen, blicken hinunter und entspannen unsere Muskulatur. Auch da wird das darauf sensible Pferd dieser Entspannung folgen (Bild Seite 43 rechts).

Es ist auch möglich, Trockenübungen zu machen, um uns unserer Mimik und Körperspannung bewusst zu werden. Wenn wir uns einmal vor den Spiegel stellen und unsere Mimik ganz gezielt verändern, uns selbst fokussieren, die Gesichtsmuskulatur anspannen und den Blick schärfen, werden wir selbst merken, wie eindrucksvoll dies sein kann. Wenn wir mimische Signale anschalten und abschalten können, ohne dass eine bestimmte Emotion dahintersteckt, können wir kurzfristig Spannung in unser Gesicht geben und in der nächsten Sekunde sofort wieder freundlich lächeln. Diese eigene positive Kontrollierbarkeit wird das Pferd auch als klares Muster deuten können und sich fein darüber steuern lassen.

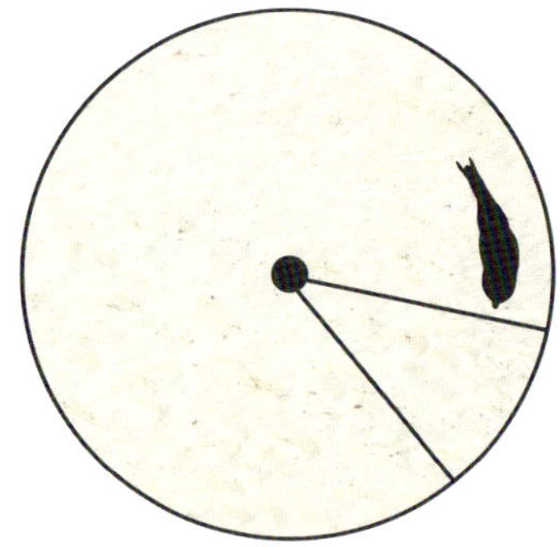

Wollen wir das Pferd im Roundpen beschleunigen, besetzen wir den Raum hinter dem Pferd.

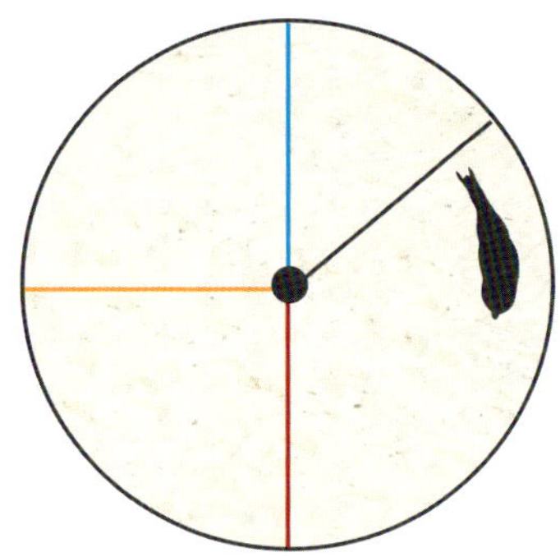

Wollen wir unser Pferd im Roundpen verlangsamen, besetzen wir den Raum vor ihm. Im Schritt ein Achtel bis ein Viertel des Kreises (blaue Linie), im Trab bis hin zu einem halben Kreis (orange Linie) und im Galopp bis hin zu einem Dreiviertel-Kreis (rote Linie).

Körpersprache schulen im Roundpen

Die Arbeit im Roundpen stellt eine sehr gute Möglichkeit dar, seine eigene Körpersprache zu schulen. In der Freiarbeit im Roundpen oder einem abgetrennten Teil der Halle sollte es keinesfalls darum gehen, das Pferd zu ermüden oder zu hetzen, bis es aufgibt. Es sollte immer das Ziel sein, eine klare, aber ruhige und entspannte Atmosphäre zu schaffen und die Kommunikation zwischen Pferd und Mensch in diesem doch sehr begrenzten Raum zu optimieren. Keinesfalls sollten wir das Pferd in eine Zwangslage bringen. Dadurch dass der Roundpen einen begrenzten »Raum« darstellt, sollten wir hier sehr vorsichtig mit Druck und Signalstärke umgehen. Das Pferd sollte hier nicht in Bedrängnis geraten und eine Flucht antreten. Sonst wäre es wahrscheinlich, dass es Stress und Unwohlsein mit diesem Ort und auch mit uns assoziiert. Auf der anderen Seite gibt die

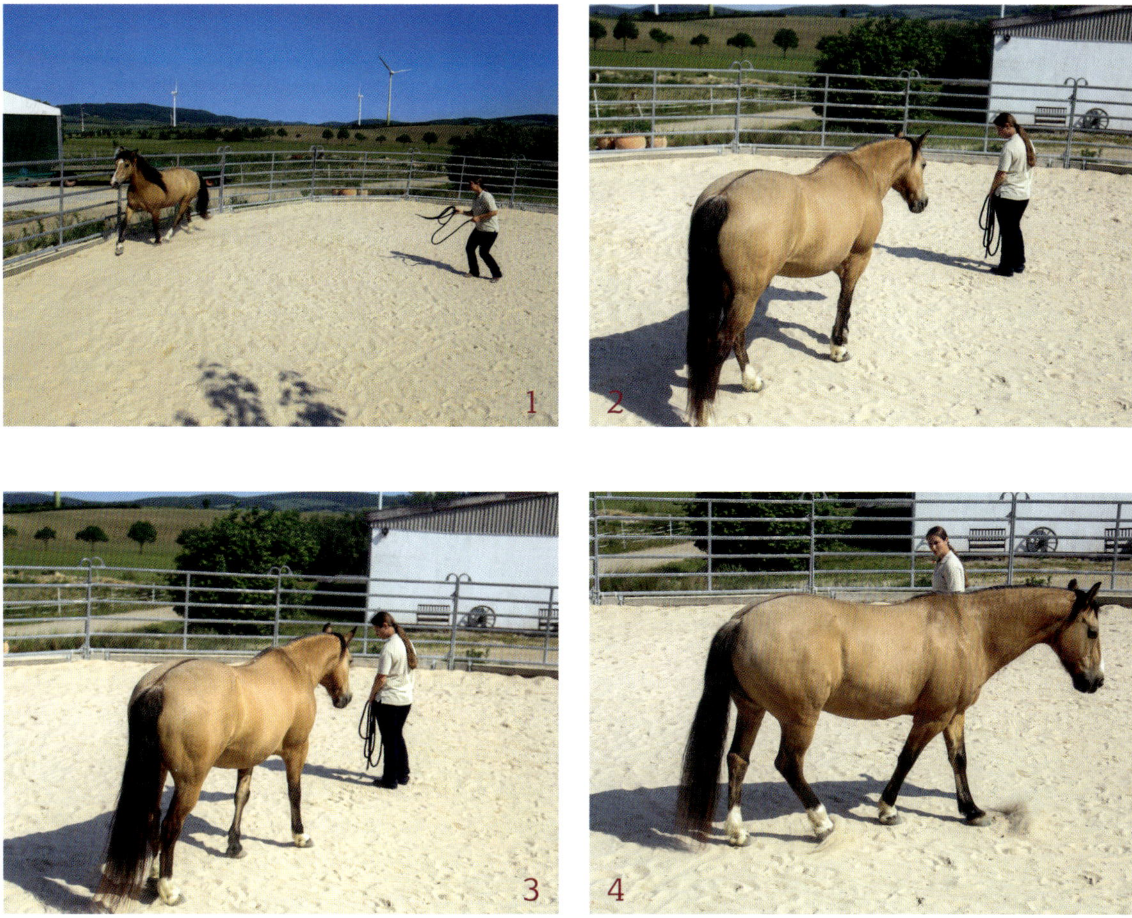

Besetzen wir Raum, indem wir uns leicht hinter das Pferd fokussieren mit erhöhter körperlicher Grundspannung, dann beschleunigen wir das Pferd (Bild 1). Entspannen wir unseren Körper und nehmen damit wenig Raum ein, lädt dies das Pferd zum Kommen ein (Bild 2 und 3). Mit einem klaren Fokus (Blick) auf die Schulter des Pferdes, veranlassen wir es wieder, unseren Raum zu verlassen (Bild 4).

Arbeit im Roundpen eben auch die Möglichkeit, sehr fein mit unserer Körpersprache umzugehen – mit Grundspannung und Entspannung, die wir dem Pferd vermitteln können. Wir können hier nach dem Prinzip des Raumbesetzens arbeiten: Wir stellen uns den Zirkel wie einen großen Kuchen vor und teilen diesen in Linien ein – also Kuchenstücke. Des Weiteren übt man hier, wie man das Pferd sowohl mit Körperenergie vorwärts bekommen, aber auch verlangsamen und entspannen kann.

Stellt man sich vor, dass das Kuchenstück hinter dem Pferd mit körperlichem Druck oder Energie versorgt wird, wird das Pferd ins Vorwärts gehen. Stellt man sich das Ganze vor dem Pferd vor, wird es das Pferd dazu bringen, langsamer zu werden oder ganz abzubremsen. Wenn wir insgesamt unsere Körperspannung hochfahren, wird unser Pferd dies grundsätzlich annehmen und diese Energie auch selbst in ein Vorwärts umsetzen. Wenn wir andererseits entspannen und sehr

Eine erhöhte Körperspannung nimmt unser Pferd grundsätzlich wahr (Bild oben), genauso wie eine entspannte Körperhaltung (Bild unten). Hier sollten wir nicht so viel mit dem Equipment arbeiten, sondern sehr bewusst mit der eigenen Körpersprache.

wenig Raum einnehmen, zum Beispiel auf einem Bein stehen, wird das aufmerksame Pferd auch hier die Entspannung übernehmen und sich verlangsamen und vielleicht sogar zu uns hereinkommen. Ich selbst benutze für meine Arbeit im Roundpen ein längeres Bodenarbeitsseil. Dieses kann eine Linie, die man hinter oder vor das Pferd setzt, verstärken, verhindert aber, dass man zu viel mit dem Equipment steuert, was zum Beispiel mit einer Peitsche in der Hand passieren kann. Oft passiert dann, dass entweder das Pferd sich kaum beruhigen lässt und man gar nicht bemerkt, dass man seine treibende Seite hinter dem Pferd mit der Peitsche in der Hand ständig unter Spannung hält, oder das Pferd stumpft auf der anderen Seite nach und nach auf diesen ständig anstehenden Druck ab und reagiert immer weniger und weniger. Ein Problem was hierbei entsteht ist, dass wir das Pferd rein auf das Equipment konditionieren – entweder es wird hochsensibel oder habituiert (gewöhnt sich) – aber unsere Körpersprache an sich wenden wir oft gar nicht mehr an. Wenn uns klar wird, wie fein wir mit dem Pferd über Linien, Raum, Spannung und Entspannung kommunizieren können, werden wir das Seil zwar noch in der Hand halten, jedoch lediglich, um die Möglichkeit zu haben, den Druck präzise, aber nur ganz kurzfristig zu erhöhen. Wenn wir das Pferd präzise über die Reaktionsschwelle bringen, wird es im nächsten Moment wieder sehr sensibel auf uns achten und schon auf viel weniger Reizstärke reagieren. Bei dieser Art von Arbeit schulen wir uns besonders selbst, darauf zu achten, was wir in die Kommunikation mit dem Pferd hineingeben. Das Pferd zeigt in dieser Freiarbeit auf natürliche Weise, was bei ihm ankommt, beziehungsweise auf was es noch sensibel reagiert und auf was nicht.

Gewöhnen

Furcht und Angst

Die Verhaltensbiologie unterscheidet zwischen den Begriffen: Furcht und Angst. Angst ist ein diffuses Gefühl – beispielsweise eine grundlegende Ängstlichkeit in bestimmten Situationen, die unbekannt sind oder auch schon negativ assoziiert wurden. Beim Pferd kann dies eine fremde Umgebung, das Gelände oder die Isolation von Artgenossen sein. Bei Furcht spricht man immer von »Furcht vor etwas«, also ist diese objektbezogen. Zum Beispiel: Furcht vor einem Gegenstand wie der Schubkarre, der Plastiktüte, Gerte oder Furcht vor einer bestimmten Handbewegung, einer Stimme oder einem bestimmten Menschen.

An Angst auslösende Situationen gewöhnen

Das Pferd an eine gesamte Situation und Umgebung zu gewöhnen, stellt sich oft als schwierig dar. Eine bestimmte Situation setzt sich aus vielen Faktoren und Reizen aus der Umwelt zusammen. Diese sind häufig schwer von uns zu kotrollieren. Sei es der Traktor, der auf dem Feld fährt, oder der Wind in den Büschen um den Reitplatz. Da wir diese Außenreize nicht kontrollieren können, müssen wir anders vorgehen.

Hier ist unsere Aufgabe, das Pferd auf uns zu fokussieren und ihm Sicherheit zu geben. Um diesen Fokus auf uns zu bekommen, müssen wir als Hauptreizgeber fungieren und die Aufmerksamkeit des Pferdes auf uns lenken. Damit können wir es schaffen, in einer ungewohnten Situation bereits Erlerntes und Bekanntes abzurufen und über diese Routine dem Pferd Sicherheit zu vermitteln.

Wie ist es aber möglich, wenn das Pferd abgelenkt oder sogar schon in einer Angststarre

Es liegt in unserer Verantwortung, das Pferd an menschliche Objekte zu gewöhnen, denn diese kommen in der natürlichen Umgebung des Pferdes nicht vor.

ist, die Aufmerksamkeit wieder auf uns zu lenken? Befindet sich das Pferd bereits im sogenannten »Freezing« (einer Schockstarre, die kurz vor Flucht oder Kampf steht), ist es äußerst schwer, eine Reaktion auf uns und unsere Signale beim Pferd auszulösen, denn der Pferdeorganismus befindet sich bereits in allerhöchster Alarmstufe. Viel besser ist es, frühzeitig Anzeichen von Nervosität und Ablenkung im Pferd zu erkennen. Hier können wir durch kurze Sequenzen immer wieder auf uns aufmerksam machen. Um das Pferd eben nicht in eine Angststarre kommen zu lassen, ist es sinnvoll, den Pferdekörper in ruhiger, rhythmischer Bewegung zu halten. Hier empfiehlt sich beispielsweise die Hinterhand ein paar Schritte weichen zu lassen, die Vorhand zu verschieben oder das Pferd im Seitwärts übertreten zu lassen. Alles, was das Pferd in kreuzenden Bewegungen und in einem Rhythmus hält, lässt die Muskulatur im Pferdekörper weich werden. Dies wirkt einer Erstarrung entgegen. Man könnte es sich so vorstellen: Sind der Körper und die Muskulatur weich, da er ruhige Bewegungen ausführt, kann sich auch der Geist entspannen. Haben wir aber nun den Fall, dass das Pferd erstarrt ist, sei es muskulär und damit auch psychisch, ist auch hier das adäquate Mittel, durch bewegend-weiche Übungen das Pferd aus dieser Starre heraus zu bekommen, ohne dass es überreagiert. Denn trotz Erstarrung ist seine Reaktionsschwelle in diesem Moment sehr niedrig. Zunächst scheinen wir erst gar nicht zum Pferd vordringen zu können und es nimmt unsere

Signale in diesem Moment scheinbar gar nicht wahr. Dies liegt daran, dass der Furcht auslösende Reiz die ganze Aufmerksamkeit des Pferdes beansprucht. Erhöhen wir dann die Intensität unseres Signals, kann es passieren, dass das Pferd plötzlich überreagiert. Denn irgendwann hat unsere Reizintensität diejenige des Außenreizes überschritten. Damit sollten wir aus Sicherheitsgründen rechnen und mit einfachen Übungen wie beispielsweise Losgehen, Anhalten, Rückwärtsgehen oder Von-uns-weg-Weichen weitermachen.

Alle weichenden Übungen bieten nicht nur rhythmische Bewegung, sondern schaffen auch Raum und damit Sicherheit für uns und das Pferd. Um dabei die Aufmerksamkeit unseres Pferdes zu bekommen und weiter zu erhalten, ist das Arbeiten in kurzen Sequenzen sehr wichtig. Kurze Sequenzen bedeuten in diesem Falle tatsächlich, dass wir alle paar Sekunden ein Signal und damit eine kleine Aufgabe setzen.

Zwischen kurzen Aufmerksamkeitsphasen ist es auch hier wichtig, eine Entspannung im Pferd auslösen zu können. Um eine Entspannung tatsächlich abrufbar zu machen, müssen wir diese trainieren, wenn das Pferd gerade in seinem Komfortbereich ist, also keine Angst oder Furcht vor einem Außenreiz empfindet. Eine gute Übung dafür ist die Aufgabe des Kopfabsenkens.

Früh übt sich: Ein kurzes Gewöhnungstraining mit dem Fohlen sollte mit einer sehr entspannten Körperhaltung und nicht direkt von oben erfolgen. Wenn man sich hinhockt, verringert das den Druck für das noch skeptische Fohlen.

Um das Kopfabsenken zu üben, kann man hinter dem Halfter mit den Fingern einen Druck auslösen, der vom Pferd nach unten in die Nachgiebigkeit beantwortet werden soll. Reagiert das Pferd, löst sich der Druck augenblicklich.

Kopfabsenken zur Entspannung

Wie schon in einigen meiner Artikel und Bücher erwähnt, halte ich das Kopfsenken für ein sehr wertvolles Mittel, auch in einer angespannten Situation – durch die entspannte Körperhaltung des Pferdes – die Psyche mit zu entspannen. In der entspannten, tiefen Kopfhaltung des Pferdes, sendet das Gehirn den beruhigenden, wohltuenden Botenstoff Serotonin aus (siehe Seite 28 »Das Belohnungssystem«).

Die Psyche folgt der Körperhaltung und umgekehrt, das ist bereits aus der Humanpsychologie bekannt. Dies können wir geschickt und auf pferdegerechte Weise nutzen, indem wir das Pferd in eine Körperhaltung bringen, die es nur beim Grasen und beim Dösen einnimmt, also in Situationen, in denen keine Gefahr droht. Das Pferd als Fluchttier ist dafür gemacht, schnell in eine Alarmhaltung zu gelangen, um sofort fluchtbereit zu sein. Auf der anderen Seite aber, ist es auch darauf angewiesen, die Zeit, in der keine Gefahr droht, gut zu nutzen, um die Energiereserven wieder aufzutanken. Pferde sind also fähig, auch schnell wieder in eine entspannte Haltung zu kommen, da es nicht viel Zeit am Tage gibt, sich tatsächlich auszuruhen. Das Pferd wird also jede kurze Entspannungspause, die sich ihm bietet, gerne annehmen. So ist der Körper auch wieder bereit, jederzeit wach und ausgeruht auf einen vermeintlichen Gefahrenreiz zu reagieren.

Diese Fähigkeit des Pferdes, schnell zwischen Spannung und Entspannung abwechseln zu können, können wir tatsächlich nutzen, um in einer Angst auslösenden Situation eine konditionierte Entspannungshaltung abzurufen: der gesenkte Kopf.

Die gesenkte Kopfhaltung bekommen wir, indem wir das Pferd auf einen feinen Druck hin im Genick weichen lassen. Diesen Druck können wir mit den Fingern (Daumen und Mittelfinger, links und rechts vom Mähnenkamm) erzeugen oder auch mit einem weichen Strick, den wir über das Genick des Pferdes hinter das Halfter legen. Mit der zweiten Variante verteilt sich der Druck mehr und empfindliche Pferde neigen weniger entgegen des Drucks zu reagieren, sondern nach und nach immer mehr Nachgiebigkeit in die Tiefe zu zeigen. Jede kleinste Nachgiebigkeit wird sofort mit einem Drucknachlass belohnt, indem wir den Druck der Finger oder den des Strickes sofort nachgeben. So schaffen wir es in kurzer Zeit, dem Pferd schmackhaft zu machen, den Kopf ein paar Sekunden in der Tiefe zu lassen. Hier wird das Pferd merken, dass diese Haltung guttut, sobald das Gehirn tatsächlich dieser Haltung folgt. Hierfür bedarf es lediglich weniger Sekunden. In dieser Haltung wird vom Körper durch den aktivierten Parasympathikus Serotonin ausgeschüttet. Den Para-

Beim Kopfabsenken ist es wichtig, die Mimik des Pferdes zu beobachten. Augen, Nüstern und Maulpartie sollten entspannt sein sowie der Halsmuskel gedehnt.

sympathikus des vegetativen Nervensystems bezeichnet man als Ruhenerv, dieser stellt den Gegenspieler zum Sympathikus – dem Fluchtnerv – dar.

Vorsicht ist bei dieser Übung geboten, wenn das Pferd noch unter Spannung steht – was man gut an einer angespannten Halsmuskulatur erkennen kann. In diesem Fall wird kein Serotonin ausgeschüttet, sondern das Pferd nutzt diese Übung als Vermeidungsreaktion und entspannt nicht wirklich. Hier sollten wir das Pferd immer wieder in eine lockere Bewegung bringen und erneut versuchen, ob es schafft, beim Kopfsenken die Ganaschen nach vorne zu »öffnen«. Das »Öffnen der Ganaschen« vom Halsansatz weg (der Winkel zwischen Unterkiefer und Halsansatz des Pferdes) ist ein gutes Indiz dafür, dass die Hals- und Rückenmuskulatur des Pferdes entspannt. In dieser Haltung wird es merken, dass es tatsächlich einen Wohlfühlmoment für sich bekommt. Wir können diesen Wohlfühlmoment im Gesicht des Pferdes ablesen. Fängt es an zu kauen und die Augen leicht zu schließen, ist dies ein deutliches Zeichen für Entspannung.

Reagiert das Pferd auf immer feiner werdenden Druck mit einem gesenkten Kopf und einer entspannten Muskulatur, können wir diese Übung immer weiter verfeinern.

So ist es später möglich, ohne eine Berührung am Genick des Pferdes, diese konditionierte Entspannungshaltung abzurufen. Wir können diese Übung mit einer bestimmten Geste verknüpfen, beispielsweise einem Fingerzeig Richtung Genick oder einem verbalen Kommando – also einem Wort – als Auslöser. Es macht aber bei dieser Übung durchaus Sinn, weiterhin über einen bestimmten Berührungsreiz zu konditionieren, den wir später auf den gesamten Körper übertragen können. Ein leichtes Klopfen zum Beispiel an der Schulter oder am Bauch mit den Fingern oder dem Knauf der Gerte führt später dazu, dass wir die gesenkte Kopfhaltung auch vom Sattel aus abrufen können. Diese leicht pochende Bewegung – später über das Reiterbein ausgelöst – kann dann das Signal für diese Übung sein. Somit kann das Pferd auch in anderen schwierigen Situationen vom Sattel aus – beispielsweise bei der Konfrontation von Schreckgegenständen (siehe Seite 68 »Gewöhnung an größere Gegenstände«) – diese Entspannungshaltung nutzen. Wir geben damit dem Pferd die Möglichkeit, durch unsere Anleitung, diese Situationen positiv für sich selbst zu beeinflussen. Dies schafft Vertrauen und Sicherheit für Mensch und Pferd.

Furcht vor Objekten oder Situationen ist ein Schutzmechanismus des Pferdes. Hat es bereits schlechte Erfahrung in einer ähnlichen Situation gemacht, bewahrt es die Furcht und die anschließende Flucht oder Abwehr in der Natur vor Schaden.

Furcht

Hat unser Pferd Furcht vor bestimmten Gegenständen, Situationen, Berührungen oder vor der Impfspritze oder der Sprühflasche, macht es immer Sinn, mit dem Pferd zusammen diese Situationen anzugehen. Schaffen wir es, mit dem Pferd nach und nach immer wieder diese Lernübungen in Form einer Gewöhnung zu vollziehen, wird es uns immer mehr auch in neuen Furcht auslösenden Situationen vertrauen. Wir sollten hier so vorgehen, dass das Pferd uns sehr klar verstehen kann. Denn diese strukturierte Arbeit, die immer mehr in eine Routine übergeht, kann dem Pferd die Sicherheit vermitteln, die es in dieser Situation braucht. Wir können uns ein ganz bestimmtes Lernschema zu Nutze machen. Dieses können wir dann weiter und weiter auf neue Situationen übertragen.

Der Grund, warum ein Pferd mit Furcht auf bestimmte Dinge reagiert, können vorherige negative Verknüpfungen sein oder dass das Unbekannte zunächst in ihm instinktiv Flucht auslöst. Das Pferd kann dadurch sogar ungewollt lernen, auf unbekannte Dinge oder Situationen eher mit Vermeidung zu reagieren. Es ist auch oft vom Charakter des Pferdes abhängig, ob es sich eher vor neuen Dingen fürchtet, als gelassen oder neugierig darauf zuzugehen. Aber auch dieses Verhalten, auf Neues erst vermeidend zu reagieren – was für ein Fluchttier naturgemäß instinktiv passiert – kann von uns umkonditioniert werden. So schaffen wir für uns und das Pferd mehr Sicherheit im Alltag.

Als grundlegendes Lernschema nutzen wir auch hier eine konditionierte Entspannungshaltung, wie oben beschrieben. Diese werden wir dem Pferd als Alternativhandlung vorschlagen zu den sonst instinktiven Verhaltensweisen: »fight, flight« oder »freezing« (Kampf, Flucht oder Erstarrung). Bei den folgenden Lernübungen ist ganz besonders das Timing von uns selbst sehr wichtig. Denn hier befindet sich das Pferd in einem von Grund auf angespannten Zustand, wenn wir einen Gegenstand, vor dem es sich grundsätzlich fürchtet, benutzen. Daher ist es wichtig, die Vorübung des Kopfsenkens bereits im Vorfeld gut abrufbar zu machen.

Mit Schreckreizen umgehen – schnuppern lassen oder nicht?

Häufig wird mir dir Frage gestellt: »Soll ich mein Pferd gucken und schnuppern lassen?« Diese Frage stellt sich in Situationen, in denen das Pferd auf einen bestimmten Außenreiz fixiert ist, der seine komplette Aufmerksamkeit in Anspruch nimmt oder immer wieder beim Vorbeireiten auf einen Gegenstand »schielt«. Für das Pferd bedeutet dies ein Stressmoment, den es nicht einschätzen kann. Denn es weiß nicht, ob dieser Reiz eine potenzielle Gefahr bedeutet oder nicht. Natürlich gibt es die Möglichkeit, in dieser Situation das Pferd diesen Gegenstand – beispielsweise eine Schubkarre, die dort neu in der Ecke steht – begutachten zu lassen.

Grundsätzlich macht dies Sinn, wenn wir die Initiatoren dieser Aktion sind. In diesem Fall könnten wir absteigen und vorweg auf diesen Gegenstand zugehen, diesen selbst als erster begutachten, berühren und dabei eine entspannte Grundhaltung haben. Das Pferd kann dabei in gewissem Abstand leicht hinter uns mitkommen. Achtgeben sollten wir dabei, dass wir nicht auf Schulterhöhe des Pferdes sind, denn ein kurzer Schreckmoment könnte dazu führen, dass das Pferd versucht, über die Schulter zu flüchten und wir dann Gefahr laufen, im Fluchtweg zu stehen. Wenn wir den Führstrick oder den Zügel aber hinter uns ein wenig lockerlassen, besteht auch bei einer Ausweichreaktion des Pferdes keine Gefahr, dass es sich in den Strick oder den Zügel hängt und dadurch noch mehr Druck verspürt. Hat das Pferd kurz innegehalten, während wir den Gegenstand berühren oder sogar ein Geräusch auslösen (Abklopfen oder Abstreichen des Gegenstandes mit der Hand), lassen wir das Pferd in einem ruhigen Rückwärts kontrolliert vom Gegenstand zurückweichen. So lernt es zum einen, auf unser Kommando zu warten, nicht über die Schulter von diesem Objekt wegzuspringen und kann sich darauf verlassen, dass wir eine Lösung parat haben, von der möglichen Gefahrenquelle wieder weg zu gelangen.

Schicken wir jedoch das Pferd vorweg, was beim Reiten automatisch passiert, dann übergeben wir dem Pferd eine große Verantwortung. Ist es noch nicht geschult, dass es auch der Aufforderung des Reiters vertrauen kann, stellt dies möglicherweise eine Überforderung dar. Hier sollten dann wir die Verantwortung übernehmen und den Gegenstand prüfen. Wenn wir einige dieser Übungen mit neuen Gegenständen gemeistert haben, kann es auch einmal gezielt dazu kommen, dass wir das Pferd vorwegschicken. Dasselbe passiert auch am Pferdeanhänger: Haben wir mit dem Pferd das Verladen so vorbereitet, dass es mehr auf uns achtet, als der Neigung zu folgen, den Anhänger wieder verlassen zu wollen, sind die weiteren Übungsschritte, das Pferd auf Kommando den Anhänger allein betreten zu lassen – in dem Wissen, unserer Entscheidung vertrauen zu können. Dies sollte aber ein geplanter Schritt in einer Trainingsabfolge sein und nicht aus einem Moment heraus passieren.

Bei einem Schreckgegenstand sollten wir zunächst das Pferd mit bekannten, lösenden Übungen auf uns fokussieren (Bild oben). Nachdem wir selbst den Gegenstand »überprüft« haben, darf das Pferd auch gucken und schnuppern (Bild unten). So bleibt es neugierig, muss aber nicht die Verantwortung übernehmen.

Sonst brächten wir unser Pferd in eine Situation, in der es die Gefährlichkeit eines Objekts selbst einschätzen muss. Dabei muss es über Flucht oder »Nicht-Flucht« entscheiden und ob die Situation gefährlich ist oder nicht. Diese Verantwortung sollten wir ihm nicht übertragen.

Etwas anders ist es mit Gegenständen oder größeren Dingen in der Ferne, z.B. einem Traktor, der auf dem Feld entlangfährt. Das Pferd in diesem Fall schauen zu lassen, obwohl es dieses Objekt nicht einschätzen kann, birgt die Gefahr, dass das Pferd sich weiter anspannt – Adrenalin und Cortisol ausgeschüttet wird – und dass es plötzlich die Flucht ergreift.

In diesem Falle ist es ratsamer, die Aufmerksamkeit des Pferdes auf uns zu lenken und das Pferd aus seiner Starre durch ruhige rhythmische Bewegungen herauszubringen. Das Weichen der Hinterhand oder das Seitwärtstreten-Lassen ist hierfür eine gute Übung. Wenn sich die muskuläre Spannung im Pferdekörper löst, löst sich auch die mentale Fixierung. Der Körper und damit die Psyche kommen etwas zur Ruhe. Durch kurze, klare und bekannte Reizabfolgen und Übungen können wir die Aufmerksamkeit des Pferdes auch in einer Notsituation auf uns richten. Dies stellt die einzige Möglichkeit dar, dass das Pferd nicht selbst entscheiden muss, ob es die Flucht antreten soll oder nicht. Denn diese Entscheidung kann sowohl für das Pferd als auch für uns gefährlich werden. Hier sollten wir ganz klar die Verantwortung übernehmen und uns beide schützen.

Je öfter wir in solch einer Situationen eine ruhige, aber souveräne Einstellung zeigen, desto mehr kann uns das Pferd vertrauen, dass wir diesen Moment »regeln« können.

Also ist es nicht schlimm, in eine solche Situation zu kommen, dies würde sich bei einem Fluchttier auch schwer vermeiden lassen. Viel wichtiger ist der positive Lerneffekt, der für beide entsteht, eine zunächst gefürchtete Situation gemeinsam gut und sicher bewältigen zu können.

Furcht vor der Berührung des Menschen

Pferde als Fluchttiere speichern negative Verknüpfungen, in denen sie Angst, Stress, Schmerz oder Hilflosigkeit verspürt haben, besonders gut ab. Für sie ist es wichtig, Gefahrenmomente voraussehen zu können, damit ihr Überleben gesichert ist. Hat ein Pferd mit dem Menschen an sich negative Erfahrungen gemacht, die sich tief verankert haben, kann schon eine Geste – zum Beispiel das Heben der Hand oder allein die Berührung des Menschen – Angst auslösen oder sogar zu einer Fluchtreaktion oder Panik führen.

Wir können solchen Pferden mit einem gezielten Lerntraining helfen, im Alltag mit dem Menschen weniger Stress zu empfinden und seine Berührungen wieder positiv werten zu können. Zunächst ist es für das Training wichtig zu wissen, welche Art von Bewegung des Menschen oder welche Berührung diese Furcht auslöst. Ist es eine Berührung der Sattel- oder Gurtlage, ist es also zurückzuführen auf einen Gurt- oder Sattelzwang? Oder ist es die Berührung am Kopf, wie zum Beispiel an den Ohren oder am Maul des Pferdes? Um ein positives Lerntraining zu gestalten, tasten wir uns im wahrsten Sinne des Wortes nach und nach vor, bis wir die Grenze des Pferdes gefunden haben. Überschreiten wir die Komfortgrenze des Pferdes, sehen wir, ob das Pferd sich verspannt, aus der Situation heraus möchte oder sogar eine Abwehrreaktion zeigt. Wichtig ist es, dabei nicht in eine Überforderung des Pferdes zu kommen, beziehungsweise die Grenze zu schnell zu überschreiten, so dass womöglich eine Panik ausgelöst wird. Wir sollten hier sehr behutsam und achtsam vorgehen und genau auf die Reaktionen des Pferdes achten. Haben wir dann herausgefunden, welche Berührung das Pferdeverhalten verändert, zum Beispiel ein Berühren im Bereich der Ohren, kennen wir unser Trainingsziel.

Die Grenze des Komfortbereichs herausgefunden zu haben, ist ein sehr wichtiger Trainingsschritt. Denn genau an dieser Grenze etablieren wir eine Alternativhandlung: in diesem Fall die Entspannungshaltung. Haben wir also dem Pferd vorher beigebracht, auf einen leichten Stör-Reiz – das Anfassen im Genick beispielsweise – den Kopf zu senken, können wir dies nun auch auf eine andere Berührung hin auslösen. Die Vorübung, das Pferd am Körper anzutippen (mit dem Gertenknauf oder der Hand), um den Kopf zu senken, ist uns hier von gutem Nutzen. Nehmen wir als Beispiel, dass das Pferd sich nicht an den Ohren anfassen lassen will. Dies kann von einer vorherigen schmerzhaften Behandlung herrühren oder aber von einem unvorsichtigen Auftrensen in der Ausbildung. (Leider gibt es immer noch Menschen, die Pferden – damit sie gehorchen und sich fügen – zur Strafe die Ohren gewalttätig nach unten biegen.) Dieser Schmerz und die beigefügte Hilflosigkeit können als Trauma beim Pferd verankert sein. Bei diesen Pferden wird es nicht einfach werden, ihnen wieder das Vertrauen in die menschliche Berührung an den Ohren zu vermitteln.

Streichen wir also den Kopf in Richtung der Ohren ab und merken, dass das Pferd sich überlegt, seine bisherige Vermeidungs-

Nicht jedes Pferd lässt sich gerne am Kopf berühren. Schlechte Erfahrungen mit dem Menschen können dem zugrunde liegen. Durch gezielte Gewöhnungsarbeit kann das Pferd das Vertrauen in die menschliche Berührung wiedererlangen.

strategie zu fahren, zum Beispiel den Kopf weg zu bewegen oder sich anzuspannen – was der Vorbote von einer Abwehrhaltung sein kann – helfen wir ihm mit einem leichten Druck über das Halfter, den Kopf zu senken und entfernen sofort unsere Berührung Richtung Ohren. Wir etablieren eine Gegenkonditionierung, das bedeutet, eine Alternativhandlung auszulösen, in dem Moment, wenn es für das Pferd unangenehm wird. Durch diese Gegenkonditionierung schaffen wir es schrittweise, dass das Pferd sich entscheiden wird, sich zu entspannen, anstatt seine bisherige Strategie fortzusetzen.

Das genaue Timing ist hier von äußerster Wichtigkeit: erkennen, wann das Verhalten sich ändert und dieses umlenken. Denn haben wir erstmal die Grenze so weit überschritten, dass das Pferd in die Flucht oder die Abwehr kommt, können wir nicht mehr effektiv das Verhalten ändern. Die anfänglichen Momente der Entscheidungsfindung sind hier ausschlaggebend. Nur hier können wir das Verhalten umlenken und eine Alternativhandlung aufzeigen und etablieren.

Genau so können wir mit anderen Berührungsreizen verfahren, die das Pferd als unangenehm empfindet. Dies kann die Berührung der Sattellage zuerst mit der Hand, später mit der Schabracke oder dem Sattel sein oder die Berührung der Gurtlage. Wichtig ist hierbei, erst in ein Lerntraining der Umkonditionierung zu gehen, wenn jegliche Schmerzen oder organische Gründe, wie zum Beispiel Magenschmerzen oder Rückenschmerzen, ausgeschlossen wurden. Auch hier verfahren wir so, dass wir in die Berührung dieser Körperstelle gehen und dem Pferd etwa zwei bis drei Sekunden später zeigen, dass das Senken des Kopfes die Lösung darstellt. Wir werden bald merken, dass wir, je öfter wir diese Art von Übung machen, dem Pferd immer weniger mit einer leichten Parade am Halfter helfen müssen, und es immer schneller selbst auf die Lösung kommen wird, auf den störenden Reiz hin den Kopf abzusenken. Hier haben wir einen wichtigen Lernschritt erreicht, der sich dann auf alle weiteren ähnlichen Übungen übertragen lässt.

Gewöhnung an die Berührung von Objekten

Die Berührungen von Objekten und fremden Gegenständen ist in der Natur des Pferdes nicht verankert. Die einzige Berührung, die stattfindet, sind positive Interaktionen von Artgenossen oder agonistische Verhaltensweisen untereinander wie das Vertreiben, das Beißen oder das Treten. Von anderen Individuen berührt zu werden, die nicht artgleich sind, stellt grundsätzlich in der Natur des

Für das Pferd ist es nicht natürlich, mit Gegenständen, Equipment und dem Menschen konfrontiert zu werden. Dies setzt Lernschritte der Gewöhnung, Sensibilisierung und Konditionierung voraus.

Zunächst hat die Tüte eine geringe Reizstärke, an die wir das Pferd gewöhnen (Bild 1). Dann wird der Reiz nach und nach intensiver und mit einer entspannten Haltung tolerierbarer für das Pferd (Bild 2).

Beim weiteren Abstreichen des Körpers kann das Pferd wieder unter Spannung geraten (Bild 3). Hier sollten wir den Reiz wegnehmen, wenn es sich erneut entspannt (Bild 4).

Pferdes eine Bedrohung dar, denn dies ist höchstwahrscheinlich ein Raubfeind. Dass wir das Pferd mit Gegenständen konfrontieren, mit denen wir es berühren, ist in unserer Menschenwelt, in die wir das Pferd verbringen und halten, kaum vermeidbar. Denn wir wollen es führen, mit ihm trainieren oder es reiten. Es liegt also auch in unserer Verantwortung, dem Pferd zu zeigen, wie es mit Berührungen von uns und anderen Objekten umgehen kann, ohne dabei Stress und Leid zu empfinden. Dies setzt tatsächlich einen Lernprozess voraus, da in der natürlichen Umgebung des Pferdes diese Objekte nicht vorkommen.

Ein gutes Trainingsobjekt, das für viele Reizfaktoren steht, ist eine einfache Plastiktüte. Diese können wir von der Reizstärke gut verändern (zusammengeknüllt: wenig Reizstärke oder offen: hohe Reizstärke). Mit dieser können wir berühren, Geräusche erzeugen und sie einfach in verschiedenen Intensitäten

Der Tütenstock verlängert unseren Arm. Mit ihm können wir gefahrlos Beine und Hinterhand abstreichen.

bewegen. Mit diesem einfachen Trainingsobjekt lässt sich gut das Prinzip verankern, verschiedene Reizfaktoren – die zunächst Skepsis oder Anspannung auslösen – mit der entspannten Haltung zu beantworten. Dafür nehmen wir die Plastiktüte in eine Hand und knüllen sie zunächst zusammen, so dass sie nicht größer ist als unsere Faust. Diesen »Schreckreiz« können wir nun von der Reizintensität – also von der Größe und der Art der Bewegung – nach und nach steigern. Jedes Mal, wenn das Pferd an seine Verhaltensgrenze stößt, helfen wir ihm, die entspannte Haltung zu finden. So können wir nach und nach den immer intensiver werdenden Reiz tolerierbarer machen, und das Pferd setzt auf das Prinzip: »Wenn mich etwas stört, gehe ich in die Entspannung, anstatt natürlicherweise in die Flucht oder Abwehr.«

Für weitere Lernschritte können wir die Tüte zum Beispiel an einer Gerte befestigen und damit nach und nach den Pferdekörper auch an empfindlichen Stellen abstreichen. Dazu gehören die Beine, die Kruppe bis hin zum Schweifansatz und vorsichtig Hals und Kopf. Mit dem verlängerten Arm durch die Gerte kommen wir entspannt an diese Körperteile, ohne uns selbst in Gefahr zu bringen, als wenn wir die Tüte nur in der Hand halten. Die Reizgewöhnung ist hierbei schwieriger zu erlernen, da der Gertenstock schon eine bestimmte Größe und Aussehen hat, ohne ihn verkleinern und vergrößern zu können. Wir sollten also vorher nur mit der Plastiktüte gearbeitet haben. Aus der direkten Berührung mit dieser »Flattergerte« gehen wir hier nach und nach in ruhigen, aber größer werdenden Bewegungen vom Pferdekörper weg und zum

Arbeiten wir mit einer Plane, wird diese ebenfalls nach und nach größer, bis sie das Pferd bedeckt. Das Pferd sollte weiterhin wach und aufmerksam sein und bewusst mit der Nachgiebigkeit im Genick mitwirken. Ein »Über-sich-ergehen-Lassen« sollten wir vermeiden.

Pferd hin. Überschreitet dies den Komfortbereich des Pferdes, gehen wir wieder zurück in das direkte Berühren des Pferdes und senken ihm entspannt den Kopf. Die direkte Berührung mit einem Gegenstand stellt für das Pferd immer die niedrigere Reizstufe dar, ist also einfacher zu »ertragen«, als wenn das Objekt sich dem Pferd nähert und es noch nicht abschätzen kann, was passiert, WENN es berührt wird. Das bedeutet: Führt die höhere Reizstufe (Objekt nähert sich) noch zu Flucht oder Ausweichen, verringern wir den Reiz sofort und berühren das Pferd direkt, lassen es stehen und beruhigen es mit der gesenkten Kopfhaltung. Geschieht dies, entfernen wir das Objekt in diesem Augenblick vom Pferd.

Diese Übung soll dazu führen, dass das Pferd in einer entspannten Haltung bleibt und wir es überall abstreichen und um es herum lockere, ruhige Bewegungen mit der »Flattergerte« vollführen können. Wichtig sei hier noch einmal erwähnt, dass unsere eigene entspannte Körperhaltung der eigentliche Initiator ist, um das Pferd auch in eine entspannte Haltung zu verbringen. Wir sollten es weder direkt angucken, noch eine sehr aufgerichtete angespannte Haltung einnehmen.

Die Plastiktüte kann in den weiteren Lernschritten immer größer werden und wir könnten als nächsten Gewöhnungsschritt mit einer Plane arbeiten, die nach und nach das gesamte Pferd bedeckt. Hier können wir uns für die Abwechslung des Trainings immer mehr Varianten einfallen lassen, von der Größe, Farbe aber auch der Eigenschaft der Tüte oder Plane. Eine große Plane hört und fühlt sich anders an als beispielsweise eine Wärmedecke aus dem Verbandskasten, die mehr knistert und auch sehr auffällig von der Erscheinung her ist. Es gilt hier immer: vom Leichten zum Schweren und nach und nach die Trainingsreize schlau zu erhöhen, ohne das Pferd in eine lang andauernde Überforderung zu bringen.

Furcht vor der Sprühflasche

Die medizinische Versorgung unseres Pferdes liegt in unserer Verantwortung. Hierbei sollte das Pferd so wenig Stress wie möglich erfahren und lernen, mit der vielleicht unangenehmen Situation umzugehen, weil es im Lerntraining darauf vorbereitet wurde. Es passiert zu oft, dass ein unangenehmer Moment – beispielsweise das Brennen eines Desinfektionssprays auf einer Wunde – dazu führt, dass das Pferd jegliches Besprühen mit Furcht bis hin zur Panik assoziiert. Verständlich aus Sicht des Menschen, dem Pferd während einer Behandlungsphase dieses Mittel gezielt verabreichen zu wollen, empfindet das Pferd hingegen diese Momente jedes Mal als eine Überforderung. Oft versucht der Mensch erst im Nachgang, das Pferd wieder davon zu überzeugen, dass selbst das Sprühen mit Wasser keine Schmerzen verursacht. Im Pferd ist dieser unangenehme Moment aber schon längst verankert. Nicht nur die Schmerzen, die das Sprühen ausgelöst hat, sondern der psychisch einschneidende, tiefgreifend hilflose Moment bei dieser Behandlung wurde dann schon negativ assoziiert. Das Pferd konnte nicht seinem natürlichen Instinkt folgen und vor dem Schmerz fliehen oder ihn abwehren.

Es soll nicht unsere Aufgabe sein, dem Pferd beizubringen, Schmerzen zu tolerieren. Sondern wir bereiten das Pferd so vor, dass es sich – natürlich, ohne Schmerz zu empfinden – einsprühen lässt. Dies sollte zu einem Vorbereitungstraining für jedes Jungpferd gehören, dass wenn es einmal sein muss, wir es auch behandeln und ein Desinfektionsspray aufbringen können. Durch das vorbereitende Training weiß das Pferd, dass dieser Moment wieder gut endet. Das Pferd erlebt ihn nicht als Panikmoment, von dem es den Ausgang nicht kennt, sondern ist in einem bekannten Prozess.

Aus diesem Grund ist es äußerst wichtig, dem Pferd schon im Lerntraining eine Handlungsalternative anzubieten, um den Moment mit beeinflussen zu können. Hier gehen wir genauso stufenweise vor und entlassen das Pferd jedes Mal in eine kurze Pause aus dem Druckmoment, indem es eine bestimmte eigeninitiierte Handlung zeigt – die Entspannungshaltung.

Ein Pferd, das bereits in Panik ausbricht, wenn es eine Sprühflasche sieht, und das nun in ein Gewöhnungstraining einsteigen soll, bereiten wir mit gut strukturierten Arbeitsabläufen vor. Dies sollten ruhige, weichende Übungen sowie die Entspannungsübung als Pausensequenz sein. So machen wir das Pferd auf uns aufmerksam, nutzen aber Grundspannung zum Weichen und Entspannung zur Pause, die wir gleich in so wichtiger Weise einsetzen, wenn das mit Furcht besetzte Objekt ins Spiel kommt. Wir sollten uns nicht mit dem Gruselobjekt anschleichen, denn das Pferd merkt unsere Grundspannung und wird in Habachthaltung kommen. Hier empfiehlt es sich, mit dem Schreckgegenstand, also der Sprühflasche, vor dem Pferd herzulaufen, es dieses betrachten zu lassen, entspannt zu bleiben und das Pferd einfach nur hinterherkommen zu lassen. Somit entfernt sich das Objekt, wenn das Pferd auf es zukommt. Schon gar nicht sollten wird das Objekt verstecken, wenn das Pferd Anzeichen von Anspannung

Weicht das Pferd auf den Kontakt oder das Sprühen, bleiben wir in der direkten Berührung (Bild 1) und helfen ihm, in die Entspannungshaltung zu kommen (Bild 2). Nach einem erfolgreichen Gewöhnungstraining können wir das Pferd in gesenkter Kopfhaltung und Entspannung einsprühen (Bild 3).

zeigt, denn so könnte es sich weiter festigen, dass Anspannung und Flucht dieses Objekt »beseitigt«.

Beim Vorweggehen fangen wir an, auch mal in die Luft zu sprühen und uns weiter natürlich in lockeren Bewegungen vor dem Pferd her zu bewegen. Der nächste Übungsschritt ist, dass wir uns passiv dem Pferd mit der Sprühflasche in der Hand nähern. Dies machen wir am besten in einem leichten Rückwärtsgang auf die Schulter des Pferdes zu. Sind wir beim Pferd angekommen, berühren wir es direkt mit dem Handrücken und der Sprühflasche in der Hand. Dann streichen wir mit dem Handrücken mit ruhigen Bewegungen und etwas flächigem Druck die Pferdeschulter ab.

Wir fangen am Schulterbereich an, da dies eine relativ unempfindliche Stelle ist und bringen das Pferd somit nicht direkt in eine überfordernde Situation. Während wir mit der einen Hand das Pferd abstreichen, hilft die andere mit einer leichten Parade am Strick dem Pferd, die gesenkte Kopfhaltung einzunehmen. Genau in dem Moment, in dem das Pferd im Genick nachgibt, gehen wir aus der Berührung heraus. Diese Sequenz üben wir, bis das Pferd am besten von allein den Kopf senkt, um die Berührung zu beenden. Wir wagen uns nach und nach in andere Bereiche des Pferdekörpers: Sattellage, Bauch, Kruppe und Beine. Wir integrieren dabei immer mehr, dass nicht nur der Handrücken, sondern auch die Sprühflasche selbst, den Pferdekörper berührt. Jede kurze Sequenz (wenige Sekunden) endet mit einem Kopfabsenken.

Ist dieser Lernschritt stabil, fangen wir an, während des Berührens einen Sprühstoß abzugeben, da wir diesen neuen Reiz etwas über die streichende Berührung überschatten, kann es sein, dass das Pferd ihn toleriert, ohne eine Verhaltensänderung zu zeigen. Kommt es in diesem Moment in eine Anspannung, gehen wir zurück in die streichende

Handbewegung und enden sofort wieder in einer gesenkten Kopfhaltung. Wichtig ist es hierbei, selbst in einer entspannten Körperhaltung zu bleiben und sich weiter locker zu bewegen, als starr zu werden und zu vorsichtig. Eine gute Überschattung tritt ein, wenn wir mit unserer »Objekt-Hand« ruhige Kreise mit nicht zu sanften Bewegungen machen. Ein leichter Druck kann dabei ausgeübt werden, damit ein bis zwei Sprühstöße in der Berührung »untergehen«. Der Moment wird kommen, bei dem das Pferd den leichten Feuchtigkeitsnebel auf der Haut spürt, und es kann sein, dass es dies mit einer höheren Reaktion beantwortet. In diesem Moment gehen wir eine Reizstufe zurück, streichen weiter ab und senken dem Pferd den Kopf und pausieren für ein paar Sekunden. Schaffen wir es in einem guten Timing zu bleiben und die Reizintensität immer der Situation anzupassen, kann es durchaus gelingen, das Pferd davon zu überzeugen, dass der Sprühnebel in diesem Fall keine Schmerzen auslöst. Das Gelingen dieser schrittweisen positiven Überschreibung des negativ assoziierten Moments, liegt fast ausschließlich am guten Timing von Druck ausüben und Druck nachlassen und der guten Vorbereitung des »Kopfsenk-Prinzips«.

Gewöhnung an den Regenschirm

Nach und nach können wir uns im Gewöhnungstraining an größere Gegenstände heranwagen. Ein nicht ganz leichter Gegenstand, da er seine Form nicht verändert, ist

Entfernt sich das »Gruselobjekt« vom Pferd, wenn es darauf zugeht, schafft dies eine positive Beeinflussbarkeit und ist der erste Lernschritt in dieser Gewöhnungsübung.

Das Abstreichen des Pferdes mit dem Gegenstand wird anfangs noch mit Skepsis wahrgenommen (Bild oben). Senkt das Pferd den Kopf, wird die Berührung mit dem Schirm direkt beendet (Bild unten).

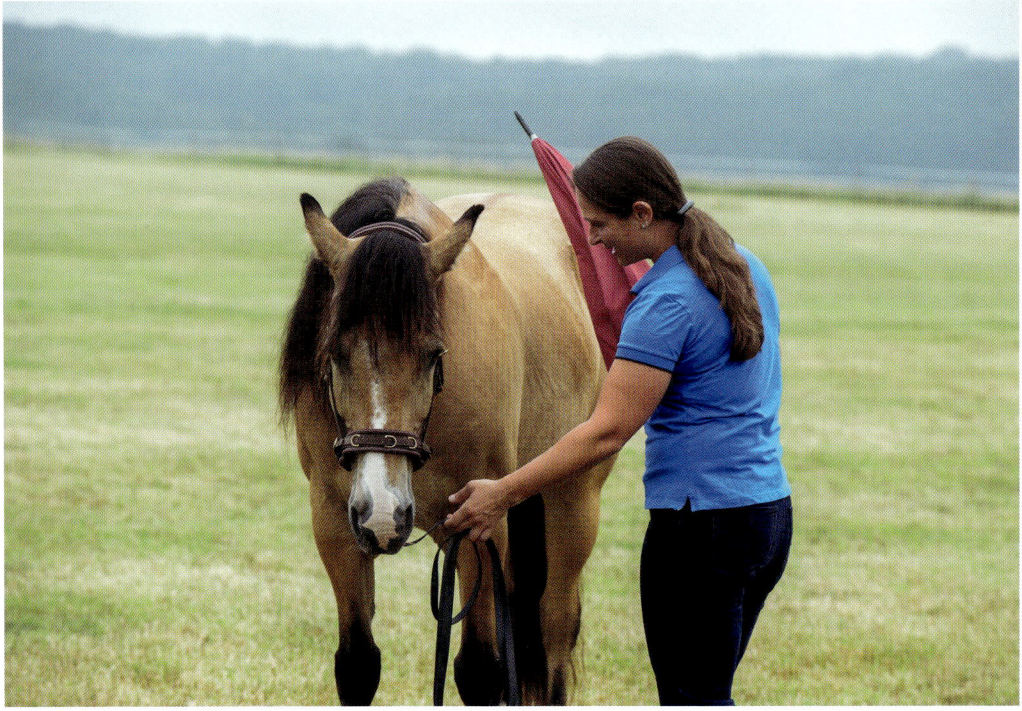

der Regenschirm. Wir sollten mit einem größeren Gegenstand zunächst – ähnlich wie wir es bei der Sprühflasche gemacht haben – vom Pferd weggehen. Würden wir direkt mit dem Gruselobjekt auf das Pferd zugehen, könnte es sich so erschrecken, dass alle weiteren Momente mit diesem Gegenstand schon im Vorfeld negativ besetzt sind. Es ist auch ratsam, das Pferd zunächst nicht am neuen Objekt schnuppern zu lassen. Die Berührung mit dem empfindlichen Maul und ein Geräusch, das dabei ausgelöst wird, wenn das Pferd auf die feine Plane haucht, kann ebenso dazu führen, dass das Pferd einen Schreckmoment erlebt, den es negativ abspeichert. Hier würden wir also mit einem gut gemeinten Zeigen und Beschnuppernlassen das Pferd eventuell in einen überfordernden Moment bringen, den wir später mit vielen Schritten »wiedergutmachen« müssten. Das »Vor-dem-Pferd-Hergehen« hingegen suggeriert, dass das Objekt sich nicht unkontrolliert auf das Pferd zubewegt, sondern zunächst immer seinen Abstand beibehält, selbst wenn das Pferd auf das Objekt zugeht. Somit kann es das Objekt quasi »verschieben« und beeinflussen, indem es darauf zugeht. Dies gibt dem Pferd Selbstwirksamkeit gegenüber dem Objekt und es ist diesem nicht »ausgeliefert«.

Als Steigerung könnten wir den Regenschirm leicht öffnen und ihn auf- und zumachen, während das Pferd auf ihn zukommt. In dem Moment, wo es sich nähert, schließen wir den Regenschirm wieder, die Reizintensität wird also geringer, je näher es am Objekt ist. Dies schafft Vertrauen in die Situation und den Gegenstand. Im nächsten Schritt können wir dann wiederum passiv an das Pferd herantreten und an der Schulter anfangen, es mit dem geschlossenen Schirm abzustreichen. Hier ist klar der geschlossene Schirm ein geringerer Reiz als der geöffnete und sich bewegende Schirm. Ein Auf- und Zuklappen wäre die höchste Stufe dieses Reizes.

Weitere Lernstufen wären, wenn wir den geöffneten Schirm über das Pferd halten und beispielsweise von links nach rechts den Schirm über das Pferd bewegen. Nach oben hat das Pferd keine gute Sicht und Bewegungen von oben und über den Kopf empfinden Pferde oft als unangenehm. Haben wir dieses Gewöhnungsstadium erreicht, und das Pferd ist dabei in einer entspannten Haltung, haben wir einen großen Lernschritt bewältigt.

Gewöhnung an Ausrüstung

Ich erlebe es oft in meiner täglichen Praxis, dass Pferde Ausrüstungsgegenstände wie Sattel oder Sattelgurt negativ assoziieren. Dies kann in einen Sattelzwang oder Gurtzwang münden. Die Ursache dafür ist, dass das Pferd einmalig starke Schmerzen erdulden musste oder über lange Zeit immer wieder Stress, Druck und Schmerzen in Verbindung mit dem Satteln oder dem Reiten erlebt hat, ohne sich aus dieser Lage befreien zu können. Sattel- und Gurtzwang äußern sich häufig in einer Abwehr mit aggressiver Grundhaltung gegen das Satteln oder das Gurten zum Sattel hin oder zum Menschen, der gerade am Pferd hantiert. Manchmal richtet sich die Aggression sogar gegen sich selbst und die Pferde beißen sich in die Schulter oder in die Brust. Dies ist eine hohe Form von Stress und Hilflosigkeit, da das Pferd sich in einer Schmerzvorerwartung befindet. Dieser Schmerz muss in diesem Fall gar nicht mehr real sein. Wenn der Besitzer alles organisch abgeklärt hat, den Rücken, den Brustkorb und die Passgenauigkeit der Ausrüstung geprüft hat, kann es dennoch sein, dass sich das Pferd in einen so hohen Stressmoment manövriert, da es die negative Vorerwartung abgespeichert hat. Wenn dieses Verhalten beim Pferd manifestiert und diese negative Grundeinstellung gegenüber der Ausrüstung bereits gefestigt ist, hilft nur eine

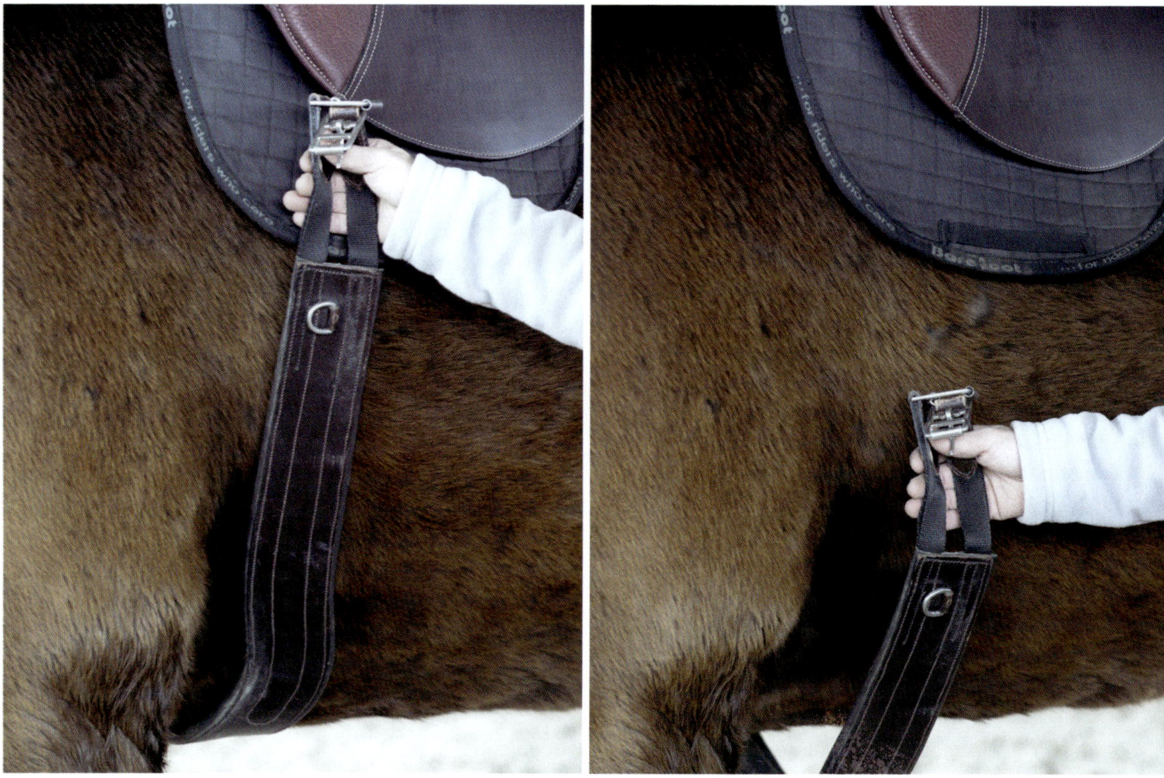

Wählt das Pferd die Handlungsalternative und senkt seinen Kopf, folgt sofort ein Nachlassen des Drucks durch das Equipment. Der Sattelgurt wird wieder gelöst. Mit monotonen »Ran-und-weg-Bewegungen« des Gurtes gewöhnen wir das Pferd stufenweise an die Berührung.

Gegenkonditionierung. Wie schon bei den anderen Gegenständen beschrieben, sollten wir hier die Entspannung als Handlungsalternative zu Aggression und Abwehr etablieren. Es ist in diesem Fall besonders schwierig, wenn das Pferd bereits in einer aggressiven Abwehrhaltung ist und dann den Modus der Entspannung annehmen soll. Hier müssen wir ganz bei uns bleiben und nicht auf jede aggressive Geste des Pferdes mit Gegenwehr unsererseits reagieren, sondern so weit wie möglich dieses Verhalten ignorieren und dem Pferd schnell helfen, in die entspannte Haltung zu finden. Das zielgerichtete und schnelle Umleiten dieser inneren Haltung ist hier entscheidend und bedarf eines guten Timings und einer hohen Objektivität, die Aggression des Pferdes nicht persönlich zu nehmen. Schaffen wir es, den Druck der Ausrüstung in dem Moment zu lösen, wenn das Pferd die neue Lösung der Entspannung annimmt, befinden wir uns auf dem richtigen Weg. Wichtig ist hier, schon zu sehen, wenn das Pferd die Richtung der späteren Lösung erkennt. Dass es sich augenblicklich entspannt, wird nicht in den ersten Trainingsmomenten eintreten. Hier zählt der Weg in die richtige Richtung – eine leichte Nachgiebigkeit des Kopfes nach unten – schon als gutes Ergebnis.

Der Druck des Equipments bedeutet in diesem Fall, dass wir Sattel oder Gurt in dem Moment wieder vom Pferd entfernen, in dem es sich entscheidet, »richtig« zu handeln.

Im Laufe dieses Lernprozesses wird beispielsweise der Gurt nicht jedes Mal komplett gelöst, sondern bleibt immer mehr in der Pause am Pferd dran. So wird die Grundeinstellung der Entspannung auf den gesamten Prozess gelegt, das Pferd aber hat mit dieser Handlung – und nicht mit der etablierten Abwehrhaltung – immer noch die Möglichkeit, einen Drucknachlass zu erwirken. Diese Selbstwirksamkeit ist auch hier der Schlüssel zu einem guten Ergebnis. Denn das Pferd hat zuvor erlernt, dass trotz allem das geschieht, was es befürchtet, egal wie frustriert und abwehrend es in dieser Situation ist. Dieses Übergehen – auch wenn vom Menschen nicht beabsichtigt – hat zu einer hohen Frustration in diesem Moment geführt. Dies wird nur mit vielen Teilschritten, Geduld und einem guten Timing wieder lösbar sein.

Besser ist natürlich die Prävention vor Gurt- und Sattelzwang. Wir sollten unser Pferd von Anfang an bei der Konfrontation mit Ausrüstungsgegenständen wie Satteldecke, Sattel und Gurt, in eine grundsätzliche entspannte Haltung bringen. Am einfachsten übt man das mit einer Satteldecke, da sie leicht und gut zu bewegen ist (siehe Bild Seite 68). Denn sind wir selbst entspannt und in einer lockeren Bewegung am Pferd, können

Die Grafik zeigt die stufenweise Gewöhnung an einen zunächst unangenehmen Reiz mit Hilfe des Kopfabsenkens: Indem der Pausenpunkt nach und nach erhöht wird, wächst der neutrale Bereich und somit das Wohlbefinden des Pferdes. Am Ende des Trainings liegt die anfänglich höchste Schwierigkeitsstufe im neutralen Bereich.

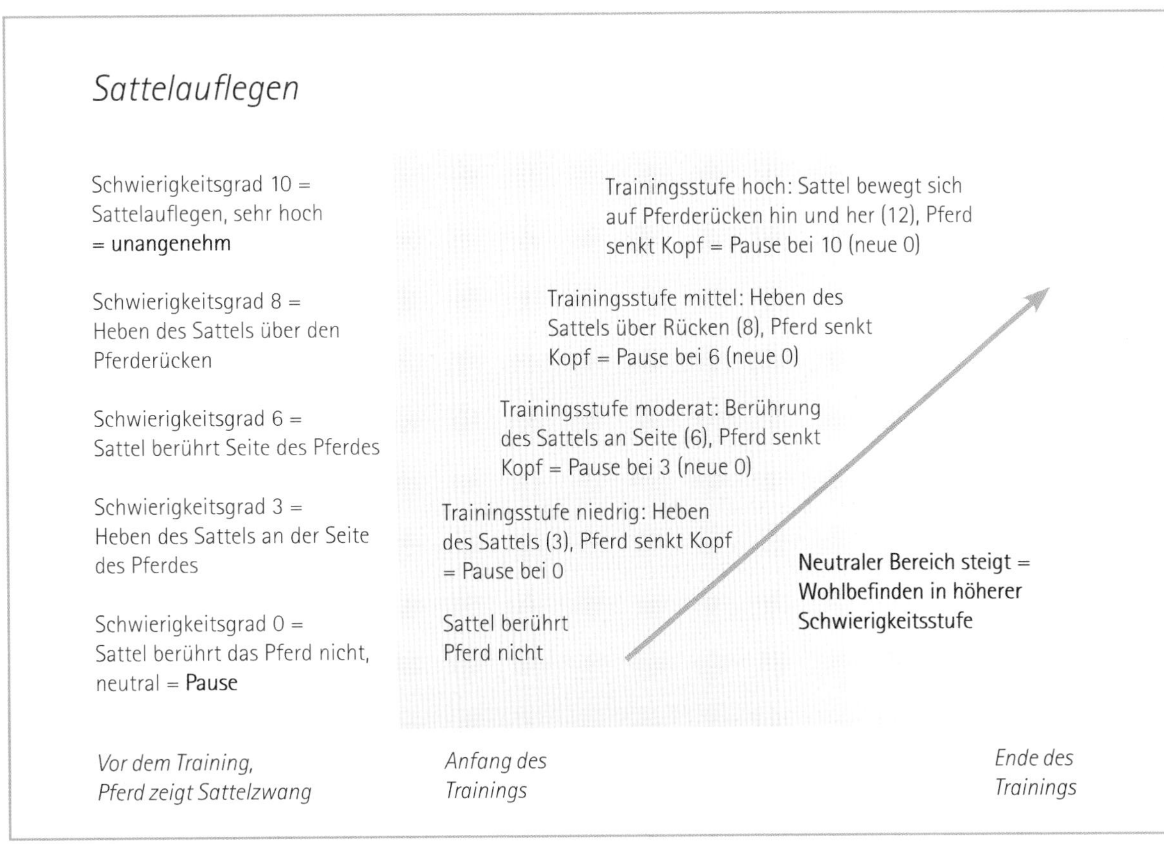

Mit einer leicht zu bewegenden Satteldecke lässt sich gut das Grundmuster der Entspannung etablieren. Zunächst entfernt sich die Decke beim Absenken des Kopfes. Nach und nach bleibt sie in der Pause am Pferdekörper dran.

wir auch jederzeit aus dieser eigenen Entspannung heraus den Gegenstand wegnehmen, wenn das Pferd positiv (Kopf senkend) reagiert. So kommt gar nicht erst ein Stressmoment auf, wenn wir das Pferd zum Reiten vorbereiten wollen. Ohne einen sinnvollen und pferdegerechten Ablauf dieser Gewöhnungssituationen etablieren sich Grundmuster, die später wieder schwierig zu lösen sind. Hier liegt es in unserer Verantwortung, dem Pferd diese unnatürlichen Gegenstände ohne Stress, sondern mit Verständnis, näherzubringen. Denn es ist alles andere als natürlich, einem Fluchttier Dinge um den Bauch zu binden und sich später auch noch darauf zu setzen. Also ist es unsere Pflicht, diesem Tier in seiner Wahrnehmung und mit Verständnis zu zeigen, dass dies nicht ein Moment ist, in dem man fliehen oder sich wehren muss. Wir ersparen unserem Pferd mit diesem positiven Grundmuster bei aller weiteren Arbeit Stress und Leid.

Das Ziel des Equipment-Trainings ist es, dass das Pferd entspannt bleibt, selbst wenn später der Sattel gegurtet aufliegt. Dies erreichen wir, indem wir die Pause bei einer immer höheren Reizstufe geben. Die Reizstufe null wäre dabei: Wir entnehmen die Berührung vollständig. Die Reizstufe 10 ist anfangs: Die Satteldecke oder der Sattel liegt auf dem Pferd. Ziel ist es, dass das Aufliegen für das Pferd später als Nullpunkt – also neutral – empfunden wird. Wir erhöhen in den einzelnen Lernschritten den Null-Punkt des Druckes. In der ersten Trainingsstufe nehmen wir die Satteldecke nach einem Abstreichen komplett vom Pferd weg. Im nächsten Lernschritt bleibt die Satteldecke schon am Körper des Pferdes anliegen, wenn es den Kopf senkt. So gehen wir weiter vor, bis irgendwann die Pause bedeutet: Decke (oder der Sattel) bewegt sich nicht mehr auf seinem Rücken, sondern bleibt still liegen. So wird das normale Auflegen der Decke und später des Sattels dann als neutral eingestuft.

Gewöhnung an größere Gegenstände (Traktoren)

Wie sieht es aber mit der Gewöhnung an größere Objekte aus, die von uns nur schwer kontrollierbar sind. Das können große Fahrzeuge wie Laster, Traktoren, Autos oder Ähnliches sein. Es ist von grundlegender Wichtigkeit, auch da Sicherheit und gegenseitiges Vertrauen erarbeitet zu haben, wenn wir mit unserem Pferd in solch eine Situation geraten. Denn auch hier gibt es die Möglichkeit, in gezieltem Lerntraining und sicheren Schritten vorzugehen.

Die Schwierigkeit hierbei ist, den Schreckreiz an sich nicht selbst kontrollieren zu können. Bei einem Auto, einem größeren Transporter oder auch bei einem Traktor, organisiert man sich einen Helfer, der im Training unterstützend einwirken kann. Die Schwierig-

An große, bewegliche Schreckobjekte zu gewöhnen, bedarf guter Absprache und Organisation. Dies lohnt sich aber, denn so wird das Geländereiten immer sicherer.

Im ersten Lernschritt sollte der Traktor vor dem Pferd weichen, wenn es darauf zugeht. Das gibt dem Pferd Sicherheit. So wird es sich nach und nach an den fahrenden Traktor herantrauen.

keit in solchen Situationen für das Pferd ist es, dass alles, was unkontrolliert auf es zukommt und von ihm nicht einschätzbar ist, erstmal als Gefahr eingestuft wird. Schaffen wir es nun in einer guten Absprache mit dem Traktorfahrer, den Traktor vor dem Pferd herfahren zu lassen, wäre dies der erste Lernschritt. Bewegt sich das Schreckobjekt vom Pferd weg, wenn es darauf zugeht, ist dies wie bei den kleineren Schreckobjekten, ein beruhigendes Zeichen für das Tier. Der nächste Schritt wäre es, die Distanz zwischen Pferd und Traktor nach und nach zu verringern. Es darf nicht passieren, dass das Pferd »vom bösen Objekt angegriffen« wird (in einer Bewegung auf es zu). Als Nächstes können wir anfangen, uns parallel mit dem Gefährt zu bewegen. Der dritte Schritt und somit der schwierigste wäre dann, auf Entfernung das Objekt auf uns zukommen zu lassen, während das Pferd in entgegengesetzter Richtung unterwegs ist. Wenn wir hier ein Handzeichen mit dem Fahrer ausmachen, wo er anhalten oder vielleicht sogar den Rückwärtsgang einlegen soll, behalten wir auch hier die Kontrolle über diesen großen Schreckreiz. Auch in dieser Lernübung erhöhen wir schrittweise den neutralen Bereich des Pferdes (siehe Abbildung Seite 67).

In all diesen Übungen ist es sehr wichtig, dem Pferd einen Drucknachlass zu gewähren, wenn es schafft, sich zu entspannen. Das bedeutet: Das Objekt entfernt sich oder der Motor wird ausgeschaltet, wenn das Pferd für einen kurzen Moment nicht an Flucht denkt oder angespannt ist. Es ist nicht leicht, diese Situationen positiv mit all ihren Faktoren in den Griff zu bekommen. Dies bedarf einer guten Beobachtungsgabe und Verständnis für das Fluchtverhalten des Pferdes. Jedes Zeichen für Entspannung muss gesehen werden. Wichtig ist außerdem, dass alle Beteiligten gut gebrieft für die Aufgabe sind. Das ist sozusagen die Königsdisziplin der Gewöhnung.

Pferde sind Bewegungstiere und das Erlernen motorischer Abläufe fällt ihnen relativ leicht.

Bewegungslernen

Pferde sind als Lauf- und Steppentiere sehr gute Bewegungslerner. Motorische Abläufe sicher zu lernen, liegt in der Natur des Pferdes und sichert sein Überleben. Zum Bewegungslernen zählen sehr viele Aufgaben und Lektionen, die wir vom Pferd im Alltag fordern. Dies fängt an bei einfacheren Bewegungsabläufen wie dem Rückwärtsweichen-Lassen, das Verschieben der Vor- und Hinterhand, über das Seitwärts-treten-Lassen, bis hin zu komplexeren Abläufen, wie das Pferd durch eine Gasse oder über einen Sprung zu schicken. Dies können wir zunächst an einem Bodenarbeitsseil erarbeiten und später in der Freiarbeit. Auch hier wollen wir von einfacheren Übungen zu komplexeren Übungen aufbauen.

Auf Kommando weichen lassen

Weichende Übungen können wir hervorragend über unsere Körpersprache initiieren.

Wir fokussieren uns beim Weichenlassen auf die jeweilige Körperpartie des Pferdes und verschieben unseren Raum auf das Pferd zu. Bei der Bewegung der Hinterhand beschreiben wir eine gebogene Linie auf die Hinterhand (Bild links). Beim Verschieben der Vorhand gehen wir seitlich oder leicht vor dem Pferd um es herum und verschieben unseren Raum in Richtung seiner Schulter (Bild rechts). Soll unser Pferd komplett seitwärts gehen, gehen wir vor ihm entlang und fokussieren uns auf seinen Rumpf (Bild unten).

Wir nutzen dabei unsere Gestik, die Körperspannung und -entspannung sowie unsere Mimik, also unsere Gesichtszüge. Pferde können aus unseren Gesichtern lesen, dies zeigt eine Studie von Smith et al. (2016).

Der grundlegende Gedanke des Weichen-Lassens ist, dass das Pferd auf uns und unseren Individualbereich achtet, diesen auf unseren Wunsch verlässt und sich auch durch ihn verschieben lässt. Fordern wir unseren eigenen Individualbereich, also den Raum um unseren Körper, ein, können wir dies in mehreren Signalstufen durchführen.

Wir fangen mit einem gezielten Blick und der Körperdrehung auf das Pferd zu an. Dann heben wir die Gertenhand, zeigen auf die Stelle, an der es weichen soll – beispielsweise die Hinterhand – und berühren das Pferd anschließend an dieser Stelle. Die Signaldynamik dahinter ist wichtig: Der Reiz sollte sich steigern bis zum Überschreiten der

Reaktionsschwelle – also bis das Pferd reagiert (Gabor, 2018: »Mensch und Pferd auf Augenhöhe«, S. 62). Sonst würde ein Gewöhnungseffekt eintreten (siehe oben) und das Pferd würde sich an körperlichen Druck gewöhnen.

Wenn wir dies nun mit einem Wort verbinden, zum Beispiel »geh!«, kann das Pferd lernen, allein auf das Wort hin diese Übung auszuführen. Dies hat den Vorteil, dass gelernte Übungen vom Boden auch später auf den Sattel übertragen werden können und das Pferd schon weiß, was für eine Bedeutung das Wort hat. Dazu kommen natürlich dann die reiterlichen Hilfen, aber das Pferd lernt schneller und kann übertragen, was es bereits vom Boden aus gelernt hat.

Ein Ziel, das man sich bei der Bodenarbeit setzen kann, ist mit immer weniger Equipment arbeiten zu müssen und ganz über die Körpersprache mit dem Pferd zu kommunizieren.

Wenn wir die einfachste Übung wie das Hinterhand-weichen-Lassen dann im gleichen Schema auf die Vorhand übertragen und schließlich auch auf das Seitwärts (siehe Bilder), dann können wir uns für verschiedene Übungen auch unterschiedliche stimmliche Kommandos einfallen lassen. Um dem Pferd zu vermitteln, mit welchem Körperteil es weichen soll, sollten wir immer darauf achten, unseren Fokus, also den Blick und die Ausrichtung unserer Front, auf die Stelle am Pferd zu legen, mit der es weichen soll. Beim Vorhandweichen wäre dies die Schulter, während wir vor dem Pferd herumgehen, beim Seitwärts wäre es die Schenkellage und wir gehen vor dem Pferd parallel mit. Funktioniert dies sicher am Strick, können wir die Übungen auch in die Freiarbeit übertragen (siehe Bild unten).

Diese weichenden Übungen dienen nicht nur der Aufmerksamkeit des Pferdes, sondern sind auch ein wertvolles Beziehungstraining. Derjenige in der Herde, der Raum bekommt, trägt auch die Verantwortung und bietet Schutz. Somit können wir mit diesen Grundaufgaben dem Pferd auch in unsicheren Situationen nicht nur unsere Souveränität zeigen, sondern auch Sicherheit vermitteln. Des Weiteren dienen diese Übungen außerdem dazu, die Losgelassenheit im Körper des Pferdes zu fördern, da sich dieser bewegt und sich die Beine kreuzen. Ist das Pferd beispielsweise in einer Situation, in der es sich sehr anspannt, vielleicht sogar erstarrt, können wir es mit weichenden Übungen auch mental dazu anregen, wieder zu entspannen.

Herankommen lassen

Wenn wir unser Pferd von uns weichen lassen, sollten wir es auch immer wieder herankommen lassen. Dies kann auch konditioniert (also verknüpft) auf ein bestimmtes

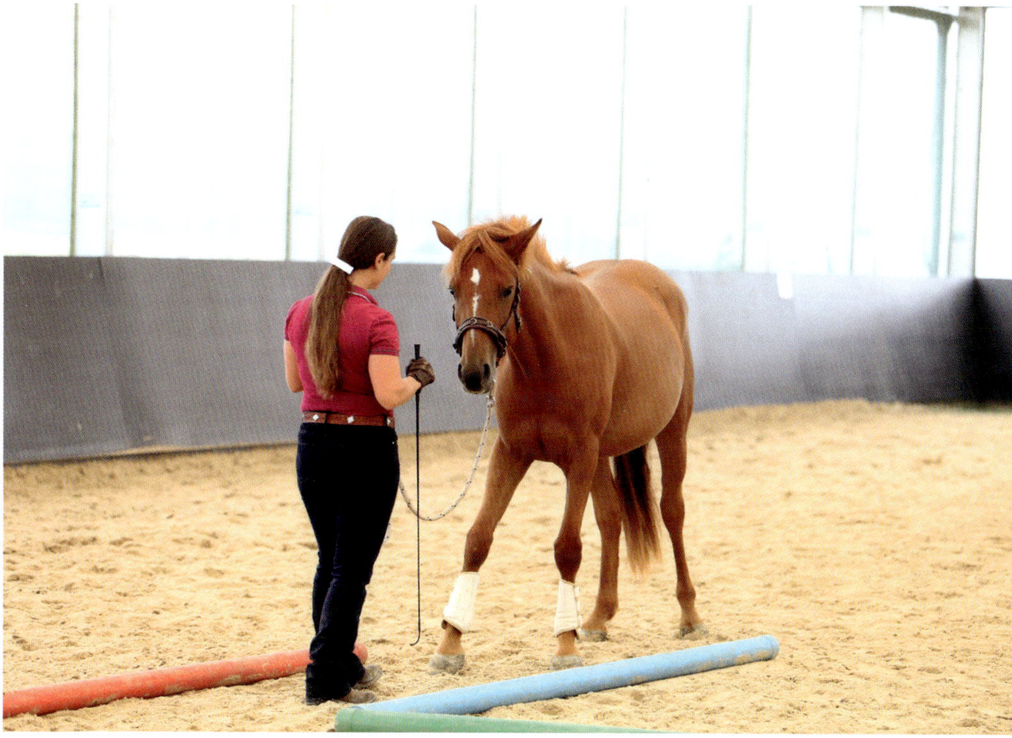

Das Weichen und Herankommenlassen soll zunächst am Strick geübt werden. Man kann sich dafür eine Stangengasse auslegen, um das Pferd seitlich einzurahmen.

Kommando geschehen. Auch hier basiert das Signal wieder auf der natürlichen Körpersprache. Das heißt, wir geben Raum frei und »ziehen« beziehungsweise »saugen« das Pferd an. Dies kann zunächst mit einem kleinen Impuls am Strick verbunden sein. Bevor dieser genutzt wird, sollte aber eine Geste vorangehen, die später auch in der Freiarbeit möglich ist. Wir beginnen mit einer passiven Körpergeste – ziehen beim Rückwärtsgehen das Brustbein ein und lassen die Schultern leicht nach vorne kippen – und weichen vom Pferd weg, heben dabei die Gertenhand und tippen leicht auf die Schulter des Pferdes. Wir intensivieren diese »treibende« Hilfe, bis das Pferd durchlässig auf uns zu reagiert. Das Heben der Hand und ein gezielter Blick auf die Schulter sind allein das Signal – zusammen mit dem Freigeben des Raumes – dass das Pferd auf uns zukommen darf. Der Strick dient zunächst am Schluss der Signalkette zur Erklärung dieses neuen Kommandos – wir konditionieren hier also klassisch.

So können wir später für die Freiarbeit zunächst den Strick um den Hals des Pferdes legen und dann irgendwann ganz weglassen. Das Pferd lernt, dass auch das Herankommen über die Körpersprache initiiert wird. Natürlich kann man nach Belieben auch diese Übung mit einem Stimmsignal verbinden. Man sollte bei Stimmsignalen nur bedenken, dass es sein kann, dass das Pferd uns nicht gut hört (laute Umgebungsgeräusche oder Heiserkeit). Was wir aber immer bei uns haben, ist unsere Körpersprache.

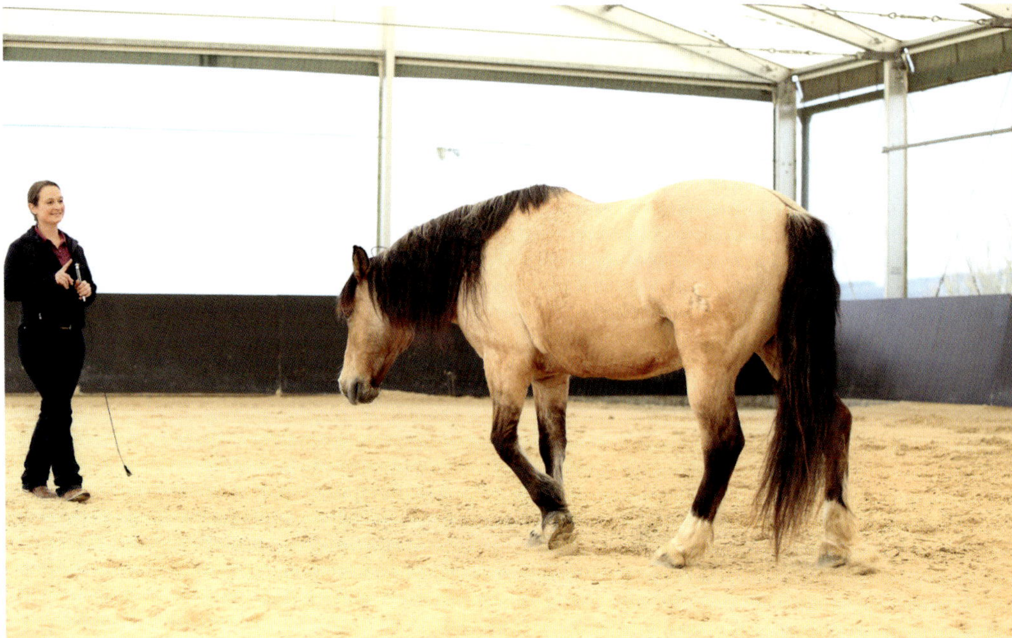

Beim Wegschicken des Pferdes nehmen wir Raum in Richtung des Pferdes ein und der Fokus geht mit erhobenem Oberkörper Richtung Pferdebrust (Bild oben). Soll das Pferd auf uns zukommen, geben wir Raum frei und nehmen eine passivere Körperhaltung mit leicht gesenktem Oberkörper ein (Bild unten). Klappt dies am Strick, kann man diese Übung in die Freiarbeit übertragen.

Man sollte das Wegschicken und das Herankommenlassen immer in Balance halten, damit das Pferd sich nicht grundsätzlich von uns »weggejagt« fühlt. Denn darum geht es in dieser Übung nicht: Sondern wir signalisieren über weichende und herankommende Übungen, dass unsere Körpersprache einen Signalwert hat. Wir üben für uns, diese einzusetzen, kombiniert mit gezielter Körperspannung und -entspannung, um Raum zu fordern und ihn wieder freizugeben. Diese Art von Kommunikation geschieht auf natürliche Weise in der Herde. Somit wird auch diese Übung zu einem guten Beziehungstraining. Gerade bei skeptischen Pferden ist es wichtig, immer wieder »herankommende Übungen« durchzuführen, damit ihre misstrauische Haltung Menschen gegenüber nicht bestätigt wird.

Übertragung ins Gelände

Nicht selten kommt es vor, dass Pferde, wenn wir mit ihnen an der Hand oder unterm Sattel allein ins Gelände wollen, nervös oder ängstlich erscheinen. Aus Sicht des Pferdes ist dies berechtigt, da es sich ohne seine Artgenossen, die ihm in der Herde Schutz bieten – nur mit einem Menschen – nicht sicher fühlt. Sicherheit und Vertrauen zu uns Menschen entsteht auf die Weise, dass wir die Kommunikation zu Hause festigen, an einem Ort, wo wir beide uns wohlfühlen. Dazu gehört, dass wir auch mit bereits bekannten Übungen Struktur, Klarheit und Sicherheit in unsere Kommunikation mit dem Pferd bringen. Ist dies in einem komfortablen Ort, wie der heimischen Halle oder dem Reitplatz, möglich, können wir anfangen, das Erlernte in schwierigere Situationen zu übertragen. Sehr gut geeignet, um die Sicherheit bei Mensch und Pferd auch im Gelände zu festigen, sind die beschriebenen weichenden Übungen. Durch den Individualraum, den der Mensch für sich erzeugt, zeigt er dem Pferd auch in schwierigen Situationen, souverän und klar handeln zu können. Haben wir diese Übungen zu Hause etabliert, schaffen wir es also, unseren Körper in gewissen Situationen in eine Grundspannung zu bringen, um Raum zu schaffen, und im nächsten Moment wieder zu entspannen, so sind wir souverän genug, mit unserem Pferd dies auf eine schwierigere Situation zu übertragen. Diese Situation kann schon aufkommen, wenn wir mit dem Pferd allein im Gelände unterwegs sind. Auch hier arbeiten wir nach dem Grundsatz vom Leichten zum Schweren, was bedeutet, dass wir zunächst eine Strecke aussuchen, die kurz und nicht weit weg vom gewohnten Stall ist. Dies können anfänglich 5–10 Minuten sein, in denen wir Kommen und Weichen mit dem Pferd üben. Voraussetzung ist, das Führen und die Führposition des Pferdes vorher geübt zu haben. Aus Sicherheitsgründen sollte das Pferd weder vor uns noch direkt hinter uns laufen, sondern mit seinem Kopf auf unserer Schulterhöhe neben uns. So haben wir nicht nur den besten Einfluss auf die Geschwindigkeit, sondern auch auf die Richtung. Die Schulter des Pferdes kann uns in dieser Position am wenigsten gefährlich werden, wenn das Pferd doch einmal aufgrund eines Schreckreizes in unsere Richtung springen sollte.

Schaffen wir es, die Aufmerksamkeit des Pferdes jederzeit auf uns zu lenken, auch wenn Außenreize im Gelände immer wieder sein Interesse fordern, sind wir sicher und das Pferd erkennt unsere Souveränität. Um auch die Intensität von Außenreizen mit unseren Signalen zu überschreiten, ist es wichtig, im Training verschiedene Signalstärken mit einzubauen. Diese können wir in verschiedene Druckstufen in die weichenden Übungen einbauen: Zum Beispiel das Pferd auf eine geringe Signalintensität

Die sicherste Führposition ist auf Kopfhöhe des Pferdes. Wir können so Tempo und Richtung am besten kontrollieren.

weichen zu lassen, aber auch mal eine stärkere Reaktion zu fordern durch einen höheren Input unsererseits, und damit beispielsweise ein rascheres Hinterhandweichen zu erzeugen.

Wie beim Thema Sensibilisierung schon besprochen, sind Mimik und Gestik sowie unsere Körper-Anspannung und -Entspannung äußerst wichtig, wenn es darum geht, unserem Pferd Sicherheit zu geben. Es kann sich bei uns sicher fühlen, sobald wir unsere »Spannung« in Gelände-Situationen im Griff haben und ihm klare Aufgaben stellen können. Wir sollten sofort wieder entspannen können, wenn es auf uns geachtet hat. Dann sind wir ihm gegenüber souverän.

Haben wir es auf einer kleinen Runde um den Stall geschafft, die Aufmerksamkeit des Pferdes bei uns zu halten und konnte es sich zwischendurch entspannen (Kopfsenkübung im Stehen), dann können wir uns auf eine größere Strecke wagen. Wird das Pferd beispielsweise ab einer gewissen Entfernung vom Stall sichtlich nervöser, sollten wir umgehend damit beginnen, das Pferd durch Übungen auf uns aufmerksam zu machen. Ein Abwarten und das Pferd auf andere Reize Fixieren-Lassen, würde es in ein »Freezing« bringen und danach höchstwahrscheinlich zu einer Flucht bewegen. Das bedeutet: Frühe Spannungs-Anzeichen beim Pferd zu erkennen hilft, die Angst abzuwenden und uns als

Weichende Übungen, die wir zuvor gut etabliert haben, helfen im Gelände nicht nur die Aufmerksamkeit des Pferdes auf uns zu lenken, sondern halten auch das Pferd durchlässig und fördern seine Losgelassenheit.

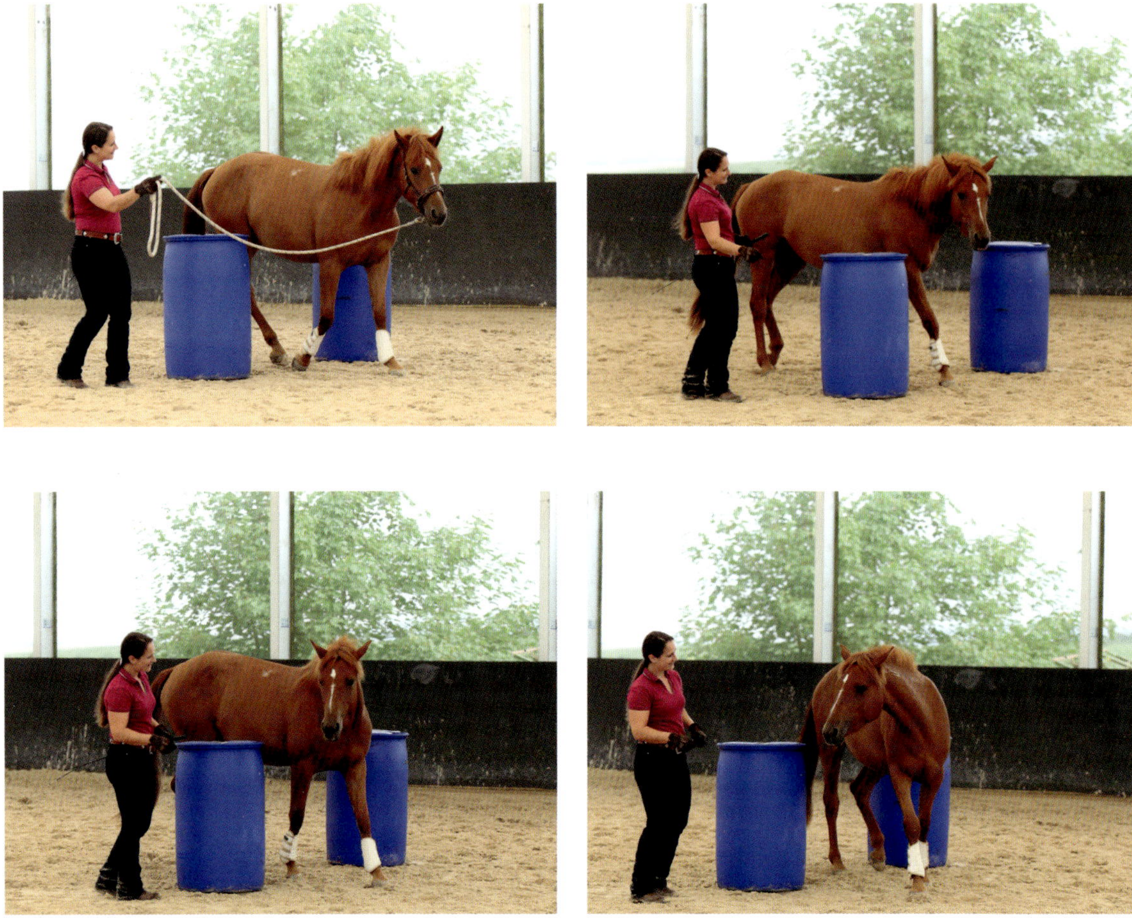

Wir schicken unser Pferd zunächst am Strick durch die Pylonen- oder Tonnengasse. Dabei geben wir ein Stimmkommando, wenn unser Pferd die Gasse passiert. Nach einiger Übung geht dies auch frei.

Reizgeber wieder ins Spiel zu bringen. Wurde eine kritische Situation dadurch gut gemeistert, treten wir den Rückweg an, um weder uns noch unser Pferd zu überanstrengen. Auch hier gilt es, lieber immer wieder kleine Strecken zu gehen, die wir gut meistern können, als sich in eine Situation zu begeben, die in Hektik oder Angst endet.

Durch Pylonen schicken

Durch die bisher beschriebenen Übungen können wir unser Pferd immer wieder auf uns aufmerksam machen und mit vielen Pausen positive Lerneffekte schaffen. Um nun den Schwierigkeitsgrad zu steigern, können wir sogenannte Medien (Stangen, Pylonen oder Tonnen) mit einbauen. Durch das Nutzen von Gegenständen schulen wir weiter die Aufmerksamkeit des Pferdes auf die Aufgabe und fordern vermehrt seine Konzentration. Des

Weiteren fördern wir die motorische Geschicklichkeit. Es muss jetzt nicht nur auf uns und unsere Signale achten, sondern auch die Gegenstände in die Aufgabe mit einbeziehen.

Zunächst fangen wir am Strick an, das Pferd durch eine Pylonen- oder Tonnengasse zu schicken und rufen es danach immer wieder zu uns her. Hier kann auch mal eine Futterbelohnung helfen. Wir sollten jedoch aufpassen, dass unser Pferd sich nicht zu sehr auf das Futter fixiert, sondern weiter auf unsere Signale achtet. Beim Hindurchschicken etablieren wir jetzt schon – während das Pferd die Pylonen passiert – ein Stimm-Kommando: zum Beispiel »durch!«. Das Pferd verknüpft damit das Durch-die-Pylonen-Gehen mit diesem Wort. Kurz nach dem Passieren der Gasse folgt ein Lobwort wie »gut!« oder »fein!«, das Pferd kommt zu uns und bekommt eine Pause oder die besagte Futterbelohnung. Dies üben wir beidseitig auf jeder Hand. Es kann gut sein, dass es dem Pferd auf einer Hand leichterfällt, diese kleinere Schrittvolte zu laufen. Dies gibt auch Aufschluss darüber, welche Hand wir bei der gymnastizierenden Arbeit vom Boden aus oder beim Reiten vermehrt schulen sollten.

Klappt diese Übung auf beiden Seiten gut am Strick, können wir das Ganze auf das nächste Level bringen. Wir sollten zunächst den Strick dem Pferd locker um den Hals legen und so befestigen, dass er ihm nicht zwischen die Beine fallen und es nicht drauftreten und ggf. stolpern kann. Nun versuchen wir es ohne direkten Seilkontakt. Den Strick zunächst über den Hals zu legen, ist eine gute Sicherheitsmaßnahme, falls das Pferd sich entschließen sollte, in eine andere Richtung abzubiegen. So können wir noch korrigierend eingreifen oder wegweisend durch die Pylonen. Stellen wir fest, dass es ohne das Seil noch nicht gut geht, sollten wir die Übung am Seil weiter stabilisieren. Denn lernt das Pferd erst – wenn kein Seil mehr als Verbindung besteht – andere Wege zu gehen, wird

Funktioniert das Durchschicken im Schritt, ist der nächste Lernschritt, es im Trab abzurufen. Dies ist eine gute Vorübung für die nächste Aufgabe: »Über einen Sprung schicken.«

Die Pylonenacht ist schon eine schwierige Lernübung. Auch diese sollte zunächst am Strick gefestigt werden, bevor wir sie in die Freiarbeit umsetzen. Sie schult die Körpersprache des Menschen und die Koordination und Konzentration des Pferdes.

es schwierig werden, dieses Lernverhalten wieder neu einzuordnen.

Als Erweiterung dieser Übungen können wir 2 Gassen gegenüber aufbauen und das Pferd von einer Hand auf die andere schicken, dadurch entsteht die Figur Acht. Das Pferd von uns weg durch die Pylonen zu schicken und wieder zu uns heranzuholen, wechselt sich nun jedes Mal ab.

Alles, was im Schritt gut funktioniert, kann dann weiter in eine höhere Gangart übertragen werden. Schaffen wir sogar im Trab eine Pylonen-Acht, ist das ein toller Erfolg und das Pferd hat nicht nur körperliche Auslastung, sondern wird kognitiv hervorragend geschult.

Über einen Sprung schicken

Das Schicken zwischen Gegenständen hindurch können wir noch erweitern. Wenn das Pferd es bereits kennt, zum Beispiel zwischen zwei Cavaletti-Blöcken durchgeschickt zu werden, legen wir zunächst eine Stange – auf dem Boden liegend – dazwischen. Es macht nun Sinn, das zuvor Erlernte mit dem Neuen zu kombinieren. Haben wir beispielsweise das Kommando »durch!« etabliert, um das Pferd durch die Gegenstände zu schicken, nehmen wir kurz danach das Wort »drüber!« mit hinzu. Also: »durch und drüber!« Nach ein paar erfolgreichen Runden könnten wir das Wort »durch«, was bis dahin als Brückenwort diente, weglassen. Das heißt, die Stange wird kombiniert mit dem Wort »drüber!«. Nun können wir diese Stange nach und nach erhöhen. Vorsicht: im Schritt noch nicht allzu hoch legen. Auch diese Übung fangen wir zunächst am Strick an, um dem Pferd Sicherheit zu vermitteln und gegebenenfalls noch steuernd einzuwirken. So können wir es bald in den Trab

Der Schwierigkeitsgrad wird schrittweise erhöht. Zunächst ist die Stange niedrig eingestellt. Mit der Zeit klappt es mit etwas mehr Schwung auch höher. Hat das Pferd einen Sprung geschafft, darf es sofort pausieren.

In der Freiarbeit fangen wir zunächst in der Nähe des Pferdes an zu schicken, um es danach noch gut zu uns abrufen zu können. Mit der Zeit kann sich die Distanz vergrößern.

schicken und erreichen tatsächlich, dass es einen kleinen Sprung ausführt – kombiniert mit dem Wort »drüber!«. Wir gehen hier genauso schrittweise vor wie in den vorherigen Übungen. Wir sollten darauf achten, dass das Pferd nicht zu oft und nur aufgewärmt diese kleinen Trabrunden läuft. Auch die Sprunghöhe sollten wir so niedrig halten, dass es aus einem langsamen Trab zum Sprung ansetzen kann.

Wir können diese Aufgabe vom Schwierigkeitsgrad noch weiter steigern, indem wir den Sprung nach und nach weiter wegstellen und das Pferd immer mehr auf Entfernung hinübergeschickt werden kann. Wir sollten bei diesen »schickenden Übungen« immer darauf achten, dass das Pferd danach zu uns abrufbar ist und sich eine Pause oder eine Belohnung abholt. So fühlt es sich nicht grundsätzlich weggeschickt, sondern sieht das Ganze als Übungen, für die es später bei uns belohnt wird und pausieren kann.

Spielerische Aufgaben

Spielerische Lernaufgaben lockern das Lernen auf und haben den Vorteil, dass wir nicht »verbissen« auf eine Lektion hintrainieren. Manchmal entstehen dadurch ganz neue Tricks und Bewegungsabläufe, mit denen wir vorher gar nicht gerechnet haben. Wir fördern durch spielerische Lernaufgaben die Neugier unseres Pferdes und sind selbst offen für neue Lösungsvorschläge.

Podest

Motorische, spielerische Übungen mit dem Pferd zu erarbeiten, birgt viele Vorteile auch für spätere Übungen und Herausforderungen,

Das Podest ist eine gute Koordinationsübung für unser Pferd. Es bereitet es ebenso darauf vor, die Skepsis vor anderen Untergründen zu verlieren.

die sich uns stellen. Haben wir dem Pferd beigebracht zum Beispiel mit den Vorderhufen – oder vielleicht sogar ganz – auf einem Podest zu stehen, haben wir eine gute Vorübung für Dinge, auf die es später eher skeptisch reagiert. Dies könnten Gullideckel sein oder die Rampe des Anhängers. Etablieren wir ein Kommando, z.B. »drauf!«, auf das unser Pferd mit einem Schritt nach vorne auf ein Podest reagiert, können wir dieses Kommando später für andere Herausforderungen nutzen.

Ein Podest lässt sich einfach selbst bauen. Durch einen größeren Reifen, auf den wir eine sehr stabile Holzplatte legen. So lässt sich dieses gut transportieren und durch verschiedene Reifengrößen auch in unterschiedlichen Höhen aufstellen.

Wenn unser Pferd skeptisch ist, auf neue Materialien am Boden zu treten, könnten wir als ersten Lernschritt anfangen, es auf die am Boden liegende Platte treten zu lassen. Dies verbinden wir am besten schon mit dem Kommando »drauf!«. Schafft es das Pferd, mit einem Huf ein paar Sekunden auf dieser Platte zu stehen, loben wir es und lassen es über das Rückwärtstreten wieder von der Platte herunter. Klappt dies mit einem Huf auf der Platte, folgt das andere Bein. Wir können das Pferd mit einer leichten Vorwärts-Parade am Strick und einem Antippen der Gerte an der Schulter animieren, das jeweilige Bein zu bewegen. Wichtig ist es, sich sofort zu entspannen, wenn es diesen einen Schritt gewagt hat, denn für Pferde ist es manchmal schwierig, auf neue Untergründe zu treten. Hier sollten wir uns in Geduld üben und dem Pferd Schritt für Schritt Sicherheit geben, dass ihm auf diesem neuen Untergrund nichts passiert und es uns vertrauen kann

Ballspielen

Das Ballspielen ist eine motivierende und motorische Abwechslung für das Pferd. Auch hier fangen wir mit dem unbekannten Gegenstand an, ihn vor dem Pferd her zu rollen, damit es sich nicht erschreckt, wenn der Ball unvermittelt auf es zurollt und berührt. Nachdem das Pferd dem Ball nähergekommen ist und diesen begutachtet hat und keine Furcht vor diesem zeigt, können wir anfangen, dem Pferd das Spielen mit dem Ball beizubringen. Hier gehen wir nach der Methode der operanten Konditionierung vor, also ein

Das Pferd sollte in Ruhe die Möglichkeit haben, den Ball zu begutachten (Bild oben). Am Anfang sind die Berührungen noch zögerlich (Bild unten).

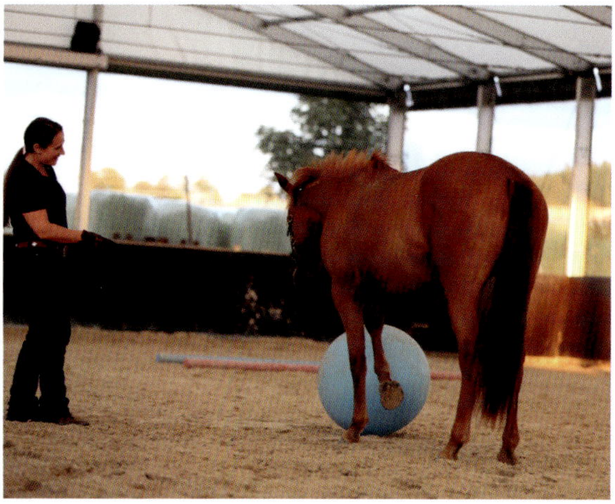

Bald wird es lernen, auf eine Geste hin aktiv mit dem Ball zu interagieren (Bild links). Das Pferd wird immer mehr Freude daran haben, mit diesem beweglichen Objekt zu spielen (Bild rechts).

zunächst zufälliges Verhalten wird belohnt – entweder mit Stimmkommando oder Futtergabe. Das zufällige Verhalten, was wir beim Pferd auslösen, ist den Ball mit einem der Vorderbeine zu berühren und ihn zum Wegrollen zu bringen. Dafür führen wir das Pferd geradeaus auf den Ball zu, bis es – mit einem Schritt auf den Ball zu – diesen zum Rollen bringt. In diesem Moment loben wir sofort und geben ihm eine Belohnung. Die Berührung des Balles verknüpfen wir jetzt schon mit einer Geste oder einem Stimmkommando, beispielsweise »kick!«. Nach einigen Wiederholungen wird das Pferd lernen, dass es gewollt ist, den Ball mit dem Vorderbein zu berühren. Da die positive Verstärkung immer direkt folgt, wird unser Pferd die Bewegung immer selbstständiger ausführen. Fängt es an, aktiv mit dem Vorderbein nach dem Ball zu treten, können wir den Ball in einer immer größeren Entfernung ablegen und anfangen, das Pferd auf den Ball zuzuschicken. Dafür nutzen wir dann die Geste oder das Kommandowort und loben augenblicklich, sobald es das gewünschte Verhalten zeigt.

Teppich ausrollen

Das Teppichausrollen begründet sich auf dem natürlichen Explorationsverhalten (Erkundungsverhalten) nach Futter. Dieser Trick ist recht einfach beizubringen, wenn wir einen länglichen Teppich einrollen und beim Einrollen etwa alle 30-50 cm einen Leckerbissen verstecken. Durch das natürliche Suchverhalten der Pferde und ihre geschickten Lippenbewegungen gelingt es ihnen schnell, den Teppich aufzurollen, um an das nächste Futterstück zu gelangen. Kommt unser Pferd nicht so schnell auf die Lösung der Aufgabe, können wir etwas nachhelfen, indem wir den Teppich ein Stückchen mit ausrollen. Wie bei unseren anderen Lernaufgaben nehmen wir allmählich die Futterbelohnung aus der Übung heraus und verknüpfen das Ganze mit einer Geste oder einem Stimmkommando. Das Ziel der Übung »Teppich ausrollen« sollte darin bestehen, dem Pferd erst dann seine Belohnung zu geben, wenn der Teppich komplett ausgerollt ist. So wird tatsächlich die Aufgabe gelernt und es bleibt nicht allein bei der Futtersuche.

Wenn wir bei dieser Lernaufgabe einen Begriff einführen, den wir auch auf andere Gegenstände anwenden können – wie zum Beispiel »stups!« – können wir das erlernte Verhalten ebenso auf andere Lernübungen übertragen. So könnten wir das Ballspielen mit dem Kopf, anstatt mit den Vorderbeinen einüben oder das spätere Antippen unserer Lernkarten (siehe Seite 100) schneller dem Pferd mit diesem erlernten Begriff verständlich machen.

Lernen übertragen: Vom Boden in den Sattel

Wie eingangs erwähnt, sind Pferde zum Generalisieren fähig. Das bedeutet: Erlerntes übertragen zu können, Ähnlichkeiten zu erkennen und nach gewissen Mustern zu agieren. Das Gleiche gilt beim Übertrag vom Erlernten vom Boden in den Sattel. Wir können es dem Pferd – und uns – viel einfacher machen, wenn wir unserem Pferd grundsätzliche Hilfen und Lektionen bereits vom Boden nähergebracht haben, bevor wir es vom Sattel aus versuchen. Dies gilt für das Anreiten,

Die anfängliche Futtersuchübung wird zu einer vollständigen Lernübung ausgebaut. Das Anstupsen mit dem Maul kann später auch auf andere Übungen übertragen werden.

Entspannung und Dehnungshaltung in der Bewegung sollte vom Boden geübt und vom Sattel aus abrufbar sein. Geben wir viele dieser Pausen auch im »Vorwärts-Abwärts«, schaffen wir unserem Pferd damit eine positive, entspannte Lernumgebung.

Das Kopfsenken ist ebenso auf den Sattel übertragbar. Haben wir zuvor dem Pferd vom Boden aus beigebracht, auf ein leichtes Antippen an der Seite mit dem Gertenknauf (oder dem Handrücken) den Kopf zu senken, übernimmt jetzt das locker schwingende Bein am Rumpf des Pferdes dieses Kommando. So kann sich das Pferd auch vom Sattel aus in den Lernpausen entspannen.

aber auch für spätere Lektionen beim höher ausgebildeten Pferd.

Ein Hauptbestandteil unserer Hilfengebung besteht daraus, dass das Pferd gelernt hat, einem Druck, den wir erzeugen – sei es über das Bein oder die Hand – zu weichen. Dabei soll es keine Angst und keinen Stress empfinden, sondern ähnlich wie in der Pferdeherde auf eine Grundspannung und einen damit verbundenen Fokus, wie der Blick des Ranghöheren an der Futterraufe, ausweichen. Die Übungen, die hier bereits beschrieben wurden, die Hinterhand, die Schulter und den Rumpf des Pferdes weichen zu lassen, sind also Grundverständnis-Übungen für die Hilfengebung vom Sattel aus. Des Weiteren wollen wir auch diese als »Lektionen« später vom Sattel aus abrufen. Es ist also auch ein Bewegungslernen mit im Spiel. Hat das Pferd den Ablauf der seitwärts-kreuzenden Beine beim Seitengang beziehungsweise späteren Schenkelweichen verstanden, ist dies – mit einer etwas anderen Hilfengebung aber grundsätzlich demselben Muster – von oben schnell umgesetzt.

Was in der Bodenarbeit unsere Körperausrichtung, die Grundspannung, unser Blick und vielleicht eine Berührung mit der Gerte vermittelt, ist von oben die Körperspannung, übertragen über das Reiterbein und vielleicht ein erklärendes Antippen mit der Gerte. Hier ist es wichtig, die Gerte immer nur als Erklärung – als verlängerten Arm vom Boden aus oder Beinunterstützung vom Sattel aus – zu nutzen und niemals nur als Vorwärts-Hilfe oder gar zum Strafen.

Unsere Signale zu verstehen und auf unseren Druck hin zu weichen, überträgt das Pferd vom Boden in den Sattel. Der vom Boden aus gegebene Fokus über den Blick wird schnell vom Pferd auf das Reiterbein übertragen, denn die Technik des Überkreuzens ist dann schon gelernt worden. Dies gilt für das Seitwärts (Bild 1 und 2) ebenso wie für das Kreuzen der Vorhand für die später gerittene Hinterhandwendung (Bild 3 und 4).

Wir sollten also ganz bewusst öfter einmal absteigen und dem Pferd das Gewünschte nochmals vom Boden aus zeigen. Von unten haben wir den Pferdekörper und die Fußfolge der Beine am besten im Blick. Wir sehen, ob das Hinterbein beim Seitwärtsgehen unter den Schwerpunkt tritt, was man nicht ohne Weiteres vom Sattel aus bemerken kann. Ist die Grundtechnik einer Lektion erstmal erklärt, kann diese mit zusätzlicher Einrahmung der reiterlichen Hilfen noch weiter von oben verbessert werden. Denn versteht das Pferd auf Anhieb einmal eine neue geritten Übung nicht, kommt es schnell unter eine Fehlspannung bis hin zu einem »Gegengehen«. Dies wiederum kann zu einer Fehlhaltung in der Lektion bis zu Fehlbildung von Muskulatur führen. Durch klare Lernschritte, die zuvor am Boden erlernt wurden, können wir also pferdegerecht und sinnvoll die Übungen in den Sattel übertragen.

Koordination und Geschicklichkeit fördern

Pferde sind von Natur aus sehr koordinierte und bewegliche Tiere. Dies wurde von der Natur so eingerichtet, um aus jeder gefährlichen Situation fliehen zu können. Durch diese Koordinationsfähigkeit können sich Pferde sowohl geschickt durch Büsche und Sträucher manövrieren, als auch auf weiter Ebene schnell und sicher weggaloppieren. Wenn wir Pferde bei uns halten, könnte es passieren, dass sie diese Geschicklichkeit und Koordinationsfähigkeit verlieren. Entweder weil sie zu lange im Stall stehen oder sich ihre Umwelt zu wenig verändert. Es ist also für unser Hauspferd nicht unbedingt nötig, diese Geschicklichkeit zu zeigen. Des Weiteren könnten in der Aufzucht zu wenig koordinative Fähigkeiten geschult worden sein, denn bei wie vielen Züchtern gibt es Hangweiden mit Büschen, Sträuchern und Steinen sowie Felsblöcken? Dies wäre wahrscheinlich aus Sicht des Besitzers zu risikoreich, weil es natürlich auch eine Verletzungsgefahr birgt.

Deswegen ist es immer sinnvoll, in unser Training Koordinations- und Geschicklichkeitsübungen mit einzubauen und beim Pferd diese Fähigkeiten wieder zu wecken beziehungsweise zu fördern.

Durch einfache Aufbauten können wir vom Boden und auch später vom Sattel aus, die Koordinationsfähigkeit und die Konzentration auf Gegenstände schulen, die auf dem Boden liegen.

Ein »Stangensalat« fördert Koordination und Geschicklichkeit des Pferdes. Wichtig ist es hier, den Schwierigkeitsgrad nach und nach zu erhöhen.

Koordinationsübungen können ebenso vom Boden in den Sattel übertragen werden. Sind wir am Boden vielleicht noch vorausgegangen, muss vom Sattel aus das Pferd »vorweggehen«.

Beim »Stangensalat« zum Beispiel, bei dem das Pferd sich nicht auf bestimmte Abstände verlassen kann, fördern wir Trittsicherheit und die Abschätzbarkeit des Pferdes auf am Boden liegende Gegenstände und das Selbstvertrauen, hier eine trittsichere Lösung zu finden. Wichtig ist, dass wir unser Pferd nicht gleich durch einen wirren Stangensalat hindurchtraben lassen, so dass es eventuell unsicher wird und vielleicht auf eine Stange tritt oder stolpert. Wir sollten hier sehr verantwortungsvoll nach und nach den Schwierigkeitsgrad erhöhen und auf jeden Fall in einem ruhigen Schritt anfangen. Wir können beginnen, dass wir vorweggehen. Somit können wir das Pferd von der Geschwindigkeit her gut beeinflussen, ruhig und langsam zu gehen und es sieht, dass eine Bewältigung machbar ist. Später können wir dazu übergehen, das Pferd hindurch zu longieren.

Geschicklichkeitsübungen lassen sich auch gut in den Sattel übertragen, nehmen wir den »Stangensalat«, den wir zuvor vom Boden aus trainiert haben oder aber bestimmte Pylonen-Anordnungen, wie einen Slalom, den wir von unten und von oben mit dem Pferd erarbeiten können. Koordination der Beine – sowie auch Stellung und Biegung – lassen sich je nach Schwierigkeitsgrad hier mit dem Pferd stabilisieren und neue Elemente für weitere Lektionen erlernen.

Wie auch in der Humanpädagogik spielt das Nutzen von »Medien« – in diesem Fall Pylonen und Stangen – eine wichtige Rolle im Lerntraining, um Lerninhalte zu festigen. Natürlich könnten wir Stellung und Biegung und auch das Kreuzen der Beine frei in der Halle üben. Dem Pferd wird aber durch das Bewältigen der Sinn einer Übung oft verdeutlicht und die Motivation gesteigert, durch diese koordinativen Fähigkeiten, eine Situation gut meistern zu können. Somit stärken wir nicht nur den Antrieb, neue Lösungsansätze zu finden – was die Koordination angeht –, sondern stärken das Pferd im Allgemeinen in seiner Selbstwirksamkeit. Nichts desto trotz fördern wir ebenso, dass das Pferd in diesen Situationen weiter auf uns achtet, was wir an Lösungsvorschlägen vorgeben und ihm anbieten. So gesehen wieder ein schönes Beziehungstraining und ein Lernen, neue Situationen auch körperlich gut meistern zu können!

Voneinander lernen

Pferde lernen natürlicherweise auch von ihren Artgenossen. Beobachtungslernen findet schon bei der Stute-Fohlen-Beziehung statt. Was für Pflanzen werden gefressen? Was für einen Rangstatus hat die Mutter? Aber auch andere Verhaltensweisen werden im Laufe des Pferdelebens bei den Artgenossen beobachtet und übernommen. Wir Menschen können dieses nachahmende Verhalten der Pferde für unser Training nutzen. Beispielsweise wenn wir das junge Pferd als Handpferd mitnehmen, um das Gelände zu erkunden. Es lernt dabei, dass auch außerhalb des Stalles Sicherheit herrscht. Auch Pferde, die sich stabil verladen lassen und ruhig im Hänger stehen, sind gerade für Jungpferde, die noch nicht oft gefahren sind, oder für unsichere Pferde ein stabiler Partner, damit sie sich nicht allein fühlen – im engen, dunklen Anhänger. Es ist gut, in manchen Situationen diese natürliche soziale Komponente der Pferde zu nutzen.

Im Beisein eines ruhigen Artgenossen fühlen sich Pferde von Natur aus sicherer. Wir sollten aber auch in unserer Zweisamkeit mit dem Pferd das Vertrauen und die Sicherheit aufbauen.

Dennoch sehe ich uns in der Verantwortung als Mensch, den pferdischen Artgenossen in mancher Situation ersetzen zu können. Es wird Momente geben, in denen nur wir mit dem Pferd allein in der Halle oder im Gelände sein werden. Ist diese Situation nicht von beiden als ein sicherer Moment geübt und erkannt worden, könnten hier schlechte Erfahrungen entstehen oder Furcht und Angst gefördert werden. In den meisten Übungen, die wir mit unserem Pferd hier lernen, geht es darum, Aufmerksamkeit, Vertrauen und Sicherheit miteinander aufzubauen. Wir können uns in manchen Situationen zwar ein anderes Pferd zu Hilfe nehmen, sollten dabei aber nicht vergessen, unsere gute Beziehung zum Pferd auch mit ihm in der Zweisamkeit zu fördern.

Engpässe üben, Vorbereitung für das Verladen

Haben wir eine große Lernaufgabe mit dem Pferd vor uns, dürfen wir kreativ sein und Komponenten dieser Aufgabe im Vorfeld in kleinen Lernschritten üben. Beim Anhänger-Training zum Beispiel geht es um verschiedene Faktoren, die wir vorher sehr gut in Einzelschritten aufbauen können. Fühlt das Pferd sich – von den Artgenossen isoliert – bereits unwohl? Kann es eine treibende und eine haltende bzw. rückwärts-leitende Hilfe schon gut annehmen? Fühlt es sich eingeengt im kleinen Raum des Anhängers, hat es also im Vorfeld vielleicht schon Probleme, durch Engpässe zu gehen? Wenn wir herausfinden, was die Ängstlichkeit in unserem Pferd auslöst, beziehungsweise vor was es genau Furcht empfindet, können wir diese Einzelkomponenten in ruhigen und sicheren Situationen üben. So können wir das Pferd sinnvoll und mit Ruhe darauf vorbereiten, bevor wir in die höchste Schwierigkeitsstufe einsteigen und das Pferd direkt verladen wollen.

In der Vorbereitung für das Verladen können wir kreativ sein. Auch hier gilt es: Wir üben von der leichten Situation bis hin zur schwereren. Manche Pferde haben tatsächlich schon Probleme, durch eine enge Stangen- oder Pylonengasse zu gehen. Die Abstände sollten hier – angefangen bei ca. 2 Metern – langsam etwas enger werden. Ebenso sollte die Länge der Gasse nach und nach gesteigert werden. Um den Schwierigkeitsgrad weiter zu erhöhen, können wir in die Pylonen Plastikstangen stecken, die wir untereinander mit Flatterband verbinden, einer Plane oder Sonstigem. Auch hier ist es sehr wichtig, klein anzufangen, damit das Pferd nicht in Panik gerät. Wir möchten hier keine Konfrontationstherapie, denn das Pferd wird sich im Moment der Panik immer für die Flucht entscheiden. Sondern wir wollen ein schlaues und faires Lerntraining, das Schritt für Schritt etwas schwerer wird. Erst wenn das Pferd ruhig durch den Engpass hindurchgehen und gelassen in der Gasse stehen kann, können wir die Aufgabe weiter erschweren.

Wichtig ist hierbei, immer auf die Sicherheit zu achten. Es darf nicht die Gefahr bestehen, dass das Pferd an irgendetwas hängen

Engpässe sind für Pferde oft nicht einfach zu passieren. Hierfür können wir Gassen in unterschiedlichen Schwierigkeitsstufen aufbauen.

Um das Ziel zu erreichen, das Pfed entspannt verladen zu können, gibt es einige Lernschritte, die wir im Vorfeld absolvieren sollten. Lässt das Pferd sich steuern und hat es keine Angst mehr vor der Enge, haben wir gemeinsam gute Vorarbeit geleistet.

bleibt oder sich daran verletzt. Es ist auch möglich, aus Sprungständern mit darauf liegenden Springstangen Gassen zu bauen, die nach und nach erhöht und enger gestellt werden. Merken wir, dass das Pferd in der Enge Probleme hat, sollten wir erst an diesem Punkt arbeiten, bevor wir letztendlich ins Anhängertraining übergehen. Weitere Schritte können hier sein, das Pferd unter etwas durchzuführen – ein Planendach zum Beispiel –, das wir schrittweise etwas tiefer stellen. Viele Pferde haben Probleme, wenn über ihnen eine niedrige Decke oder in diesem Fall eine Plane ist, die sie an den Ohren berühren könnte. Auch hier ist schrittweises Vorgehen besonders wichtig, um keine Panikmomente im Pferd auszulösen. In den Gassen oder auch unter der Plane empfiehlt es sich, immer wieder, die beruhigende »Kopfsenk-Übung« einzubauen, um dem Pferd auch in dieser Situation eine Ruhepause zu geben. Damit besetzt das Pferd die anfänglich schwierige Situation mit etwas Positivem und sogar mit Entspannung.

Werde selbst zum Pferdeforscher!

Die Fragen, die in der Pferdeforschung beantwortet werden, dienen dazu, das Pferd besser zu verstehen und artgerechter mit ihm umzugehen.

Warum gibt es die Pferdewissenschaft?

Die Pferdewissenschaft ist eine Forschung mit sehr vielen unterschiedlichen Themenbereichen und Schwerpunkten. Ein Teilbereich davon ist die Ethologie – also die Verhaltensbiologie – der Pferde, die auch die Forschung über das Lernverhalten, die kognitiven Fähigkeiten und das Sozialverhalten der Pferde beinhaltet. In der Ethologie forschen wir über die Kommunikation der Pferde, deren Wahrnehmung, deren Lernformen, über ihre Konzentrationsfähigkeit und Gedächtnisbildung sowie ihre Emotionen. Über vieles haben wir schon in diesem Buch gesprochen und wollen nun selbst zum Pferdeforscher werden. Man kann tatsächlich an seinem eigenen Pferd oder vielleicht zusammen mit Stallkollegen und einer kleinen Gruppe von Pferden, eigene kleine Studien erstellen. Dies hat den Vorteil, dass wir auch objektiv abschätzen können, wie unsere Pferde lernen, was sie lernen und was für Lernstufen sie bereit sind, mit uns zu absolvieren.

Fangen wir selbst an zu forschen und Fragen zu stellen, fördert dies ebenso, dass wir immer mehr über unser Pferd und Pferde im Allgemeinen herausfinden. Somit können wir uns immer besser in sie hineinversetzen und dadurch empathischer mit ihnen werden, um reflektierter und pferdegerechter handeln zu können.

Eine Versuchsfrage stellen

Wie fangen wir nun unsere Forschung an? In der Wissenschaft stellt man immer eine Versuchsfrage. Eine Hypothese wird aufgestellt, die man entweder bestätigt oder widerlegt. In meinen eigenen Studien war das beispielsweise: »Lernen Pferde eine Unterscheidungsaufgabe – in diesem Fall eine Symbol-Unterscheidung von Kreuz und Kreis – schneller, wenn sie in einer Box oder einem Laufstall leben?« Die Hypothese dabei war, dass Pferde aus Laufstallhaltung die Aufgabe zügiger lösen können. Der Hintergrund dieser Frage war nicht herauszufinden, ob die Pferde aus den Boxen »dümmer« sind und die aus dem Laufstall »schlauer«, sondern warum es sein kann, dass hier eventuell ein Unterschied besteht. Tatsächlich fand ich heraus, dass die Pferde, die dauerhaft in einem Laufstall untergebracht sind, eine Lernaufgabe schneller lösen können. Das liegt, wie schon erwähnt, nicht an unterschiedlichen Intelligenzen. Die Hintergründe lassen darauf schließen, dass Pferde, die vielen Umgebungsreizen ausgesetzt sind, mit denen sie umgehen müssen, auch neue »Probleme« motivierter und schneller lösen können. Also hat die wissenschaftliche Fragestellung und das daraus resultierende Ergebnis auch Bedeutung für die Einschätzung von Haltungsbedingungen und damit für den Tierschutz der Pferde.

Eine Versuchsfrage ist also nicht nur eine einfache Frage, sondern soll uns mit ihrer Antwort tieferen Einblick in die Hintergründe des Verhaltens geben und vor allem uns Pferde besser verstehen lassen. Dadurch entsteht die Möglichkeit, durch wissenschaftliche Ergebnisse, dem Pferd nicht nur eine möglichst tiergerechte Haltung und Umgebung zu bieten, sondern auch den Umgang und das Training zu optimieren. Wir können es über das Erforschen dieser Tierart schaffen, das Verhalten zu erklären und zu verstehen und sogar positiv zu beeinflussen. So haben wir die Möglichkeit, durch den »Umweg« einer Fragestellung immer größeren Einblick zu bekommen, was in den Köpfen der Tiere vorgeht, ohne sie direkt fragen zu können.

Wenn wir also mit unserem Pferd einen Lerntest konzipieren wollen, sollten wir uns vorher eine Versuchsfrage überlegen. Eine grundsätzliche Versuchsfrage könnte sein: »Kann mein Pferd diese Aufgabe überhaupt lösen (z.B. kann es die Symbole »Kreuz« und Kreis« unterscheiden)?«

Wir sehen später, wie wir unsere Ergebnisse auswerten können und wie wir diese am besten interpretieren. So können wir selbst zum Pferdeforscher werden und das Verhalten unseres eigenen Pferdes besser einordnen und deuten. Dadurch werden uns die Hintergründe des Lernverhaltens immer klarer und wir können so unserem eigenen Pferd immer geeignetere Möglichkeiten für ein gutes Lernen bieten. Denn wenn unser Pferd die gestellte Aufgabe in diesem Moment nicht lösen kann, heißt das nicht, dass es dies nicht grundsätzlich kann. Es ist gut möglich, wenn wir einige Faktoren und Umstände verändern – beispielsweise die Lernumgebung oder andere Lernschritte vorwegsetzen, dass unser Pferd diese Aufgabe zu einem späteren Zeitpunkt durchaus bewältigt.

Eine weitere Versuchsfrage, die wir stellen können, ist: »Kann mein Pferd zu einer bestimmten Tageszeit eine Aufgabe besser lösen: morgens, mittags oder abends?« Hierfür müsste es aber eine bestimmte Aufgabe schon können. Beispielsweise die bereits erwähnte Symbol-Unterscheidung. Dann lassen wir das Pferd diese Aufgabe zu verschiedenen Tageszeiten bewältigen und schauen, unter welchen Umständen – in diesem Fall zu welcher Tageszeit – es einen höheren Prozentsatz an Richtig-Antworten gibt (zur Auswertung später). Dies gibt uns Aufschluss darüber, zu welcher Tageszeit wir am besten mit unserem Pferd trainieren und neue Aufgaben stellen sollten. Denn auch Pferde sind einer sogenannten zirkadianen Rhythmik unterworfen. Das bedeutet, der Tagesablauf folgt einem bestimmten inneren Rhythmus. Wir kennen es von uns selbst, wenn wir mittags gut gegessen haben, fallen wir in ein Mittagsloch und unsere Leistungsfähigkeit sinkt ab. Vormittags und nachmittags erreichen wir Menschen die beste Leistungsfähigkeit des Tages. Ähnlich ist es tatsächlich bei Tieren. Wecken wir unser Pferd aus dem Mittagsschlaf, wird es vielleicht nicht so motiviert sein, mit uns zu arbeiten, als wenn es gerade wach und leistungsfähig ist.

Die Versuchsfrage lässt also viel Kreativität von uns zu. So könnten wir zum Beispiel auch fragen, ob unser Pferd eine bestimmte Lernaufgabe auf dem Reitplatz oder in der Reithalle besser ausführen kann – natürlich könnte auch jeder beliebige andere Ort gewählt werden. Dadurch könnten wir erkennen, wo für unser Pferd eine komfortablere Lernumgebung herrscht. Ist es vielleicht auf dem Reitplatz abgelenkter? Oder vielleicht in der Halle ängstlicher, wenn es nur ab und zu ein Geräusch von außen hört? So hätten wir »schwarz auf weiß«, wo unser Pferd weniger gestresst ist und besser neue Lernreize aufnehmen und verarbeiten kann.

Wann kann unser Pferd besser lernen, wenn es vorher locker im Schritt und Trab longiert wurde? Oder ist es konzentrierter, wenn man gleich anfängt, sobald man es von der Weide geholt hat? All die spannenden Fragen und ihre Antworten führen dazu, dass wir das Innere unseres Pferdes besser verstehen und immer weitere Komfortbereiche für es schaffen können.

Material, Testaufbau und Durchführung

Wenn wir uns Gedanken machen, wie wir einen Testaufbau gestalten, brauchen wir zunächst einen Ort, wo wir gegebenenfalls eine Testapparatur aufbauen können. Wie schon beschrieben, fällt es einem Pferd leichter, in

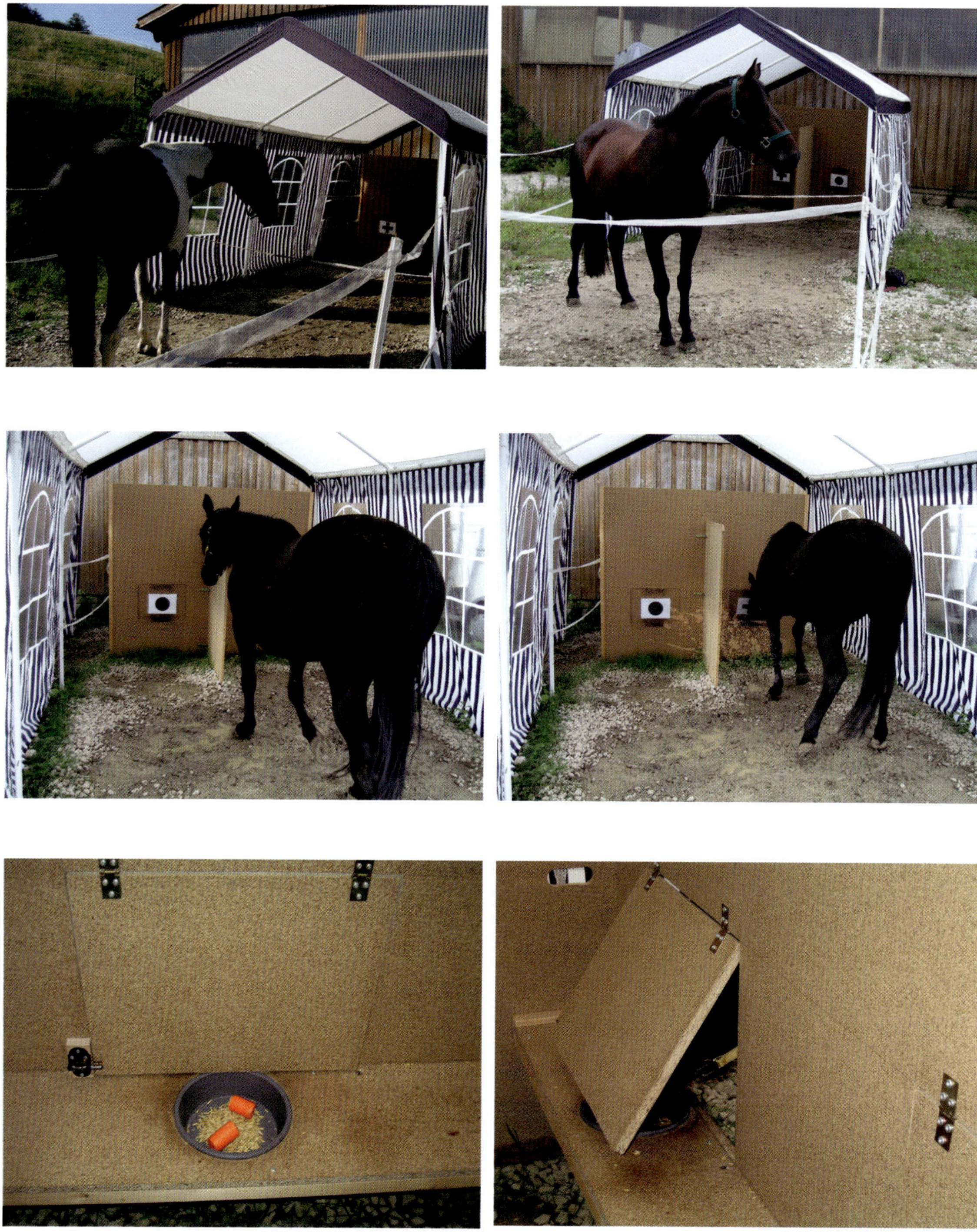

Mit ein bisschen Mühe kann man eine stabile Versuchswand konstruieren, die über Klappen eine Futterbelohnung freigibt. In diesem Beispiel ist die Versuchswand in einem Zelt aufgebaut, an dem ein Wartepaddock für die Pferde angebaut ist. Die Pferde können so selbstständig auf die Versuchswand zugehen und sich für eines der Symbole entscheiden. (Aus: Gabor et al. (2006): Einfluss der Haltungsform auf die Lernleistung von Pferden)

einer ruhigen, stressfreien Umgebung zu lernen als in einer Situation, in der es stark abgelenkt ist oder sich unwohl fühlt. Der Ort sollte also ruhig, aber nicht komplett abgeschottet sein. Zum Beispiel kann man sich überlegen, eine leerstehende Box im Stalltrakt umzufunktionieren. Es gibt aber auch Aufbauten, die sich gut in der Reithalle oder im Roundpen erstellen lassen.

Für unsere Unterscheidungstests ist es sinnvoll, dass wir verschiedene Musterkarten oder Bilder präsentieren können. Wenn wir diese dann noch zügig wechseln und austauschen können, lässt sich dadurch die Zeit des gesamten Tests reduzieren. Denn wir müssen immer daran denken: Zu lange sollten wir die Konzentration unseres Pferdes nicht auf die Probe stellen.

Wir sollten zusätzlich sicherstellen, dass das Pferd im Laufe des Lerntests irgendwann selbstständig auf die Symbole zulaufen kann, die es unterscheiden soll, ohne dass wir im Testbereich mit im Spiel sind. Umso selbstständiger das Pferd den Test absolvieren kann – ohne unsere Hilfe –, desto eher wissen wir, dass wir das Pferd selbst nicht beeinflussen. So kann es sinnvoll sein, einen kleinen Gang auf eine Unterscheidungswand zuzubauen, oder einen Versuchsstand in einer Box zu konstruieren, wo wir von außen die Testkarten wechseln können.

Eine Versuchswand könnte aus einem großen Holzbrett bestehen, auf dem wir unsere Musterkarten anbringen. Mittig kann man eine Futterschale befestigen, über die wir die Belohnung geben, wenn unser Pferd eine richtige Entscheidung getroffen hat. Noch geschickter, aber auch aufwändiger, ist es, wenn wir zwei Klappen in unsere Versuchswand einbauen (siehe Bild Seite 98), durch die sich unser Pferd eine Futterbelohnung hinter dem richtigen Symbol abholen kann. Hier ist es wichtig, dass wir die Klappen von hinten verriegeln können, dass sich das Pferd nicht aus Versehen hinter dem »falschen« Symbol belohnt. Aber in beiden Schalen sollte Futter platziert sein, damit das Pferd nicht nach Geruch entscheidet, sondern wirklich auf unsere Karten achtet.

Das selbstständige Gehen durch einen Gang muss erst geübt werden. Das Pferd sollte motiviert sein, an das Ende des Ganges zu gelangen, weil dort eine Belohnung auf es wartet. Dies ist eine gute Vorbereitung, um am Ende des Ganges die Versuchswand mit den Symbolkarten zu positionieren. In diesem Beispiel ist der Versuchsgang sehr lang, dies kostet Zeit und birgt die Gefahr, dass das Pferd umdreht.

Arbeiten mit der Versuchswand

Die Versuchswand kann eine eigens dafür konstruierte, stabile Holzplatte sein oder eine Wand eines Gebäudes, beispielsweise des Putzplatzes oder einer Außenfassade. Damit unser Pferd weiß, was es an der Versuchswand machen soll, und wir tatsächlich mit unserem Lerntest beginnen können, gehen ein paar Lernschritte voraus.

Wir gehen mit unserem Pferd auf die Versuchswand zu, an der wir zuvor zwei Blanco-Karten (weiß) angebracht haben. Diese sollten 30-50 cm voneinander entfernt angebracht sein. Stehen wir davor, animieren wir das Pferd dazu, eine der Karten mit dem Maul anzustupsen. Macht es dies, bekommt es aus der unten angebrachten oder hingestellten Futterschale eine kleine Futterbelohnung (ein Leckerli oder Heucobs, in denen steckt am wenigsten Zucker). Wir gehen nach jedem Anstupsen ein paar Tritte zurück und wiederholen das Ganze mit der anderen Karte. Wir sollten hierbei für eine gleichmäßige Beachtung beider Seiten sorgen, damit das Pferd möglichst keine Seitenvorliebe entwickelt.

Nach einigen Wiederholungen wird unser Pferd von allein anfangen, die Karten zu berühren. Schafft es, bei 10 Durchgängen gleichverteilt zu jeder Seite 5-mal oder bei 20 ca. 10-mal die Karten zu berühren, hat es diesen Lernschritt absolviert. Leichte Schwankungen z.B. 12 zu 8 sind nicht schlimm, das Pferd sollte nur nicht deutlich immer zu einer Seite hin tendieren, da es sonst später nicht wirklich auf die Karten achten würde.

Wenn es dazu neigt, nur eine Karte zu berühren, animieren wir es so lange, bis es auch die andere Seite mit in seine Entscheidungen einschließt.

Wenn wir uns für unseren Versuchsaufbau einen Gang bauen, weil wir unsere Versuchswand in der Halle, dem Reitplatz oder einem Paddock aufbauen wollen, können wir dafür mobile Weidezaunstäbe und Pylonen verwenden. Ebenso ist es möglich, mit Sprungständern und Springstangen zu arbeiten.

Bevor unser Pferd durch diesen Gang allein gehen kann, begleiten wir es einige Male. Es soll keine Angst im Gang haben, entspannt gehen und motiviert auf die Wand zulaufen. Dies schaffen wir, indem am Ende des Ganges in der Futterschale an der Wand eine kleine Futterbelohnung wartet. Der Gang muss nicht lang sein. Er dient dazu, dass der Mensch das Pferd nicht bis zu den Zeichen hinführen muss und er gegebenenfalls das Pferd ungewollt in seiner Entscheidungsfindung beeinflusst. Der erste Lernschritt, den das Pferd also hier absolvieren sollte, ist, selbstständig auf die Wand zuzugehen und sich eine Belohnung dafür abzuholen. Haben wir den vorherigen Schritt des Karten-Anstupsens schon absolviert, kombinieren wir das Auf-die-Wand-Zulaufen mit dem Berühren einer Karte. Diese Abfolge sollte unser Pferd mehrfach hintereinander – ca. 5- bis 10-mal schaffen. Damit haben wir unsere Vorbereitung für unseren ersten Lerntest gemeistert.

Thema Sicherheit

Bei allen kreativen Ideen, die wir haben, unser Pferd zu beschäftigen, ist es besonders wichtig, immer die Sicherheit zu beachten. Bauen wir viele bewegliche Gegenstände ein, an denen das Pferd eventuell hängen bleiben oder sich verheddern kann, gehen wir ein hohes Sicherheitsrisiko ein. Wir sollten immer alles gut befestigen und so konzipieren, dass das Pferd keinem Verletzungsrisiko ausgesetzt ist.

Unser Pferd kann sich immer mal in einer Situation erschrecken und eventuell die Flucht antreten wollen, also sollte zu einer Seite – beispielsweise in der Halle oder dem Roundpen – der Versuchsbereich offen und drumherum stabil eingezäunt sein, wie eben der gesamte Roundpen oder die Box, damit es nicht weiter zur Flucht animiert wird. Die beste Prävention, damit dies möglichst nicht passiert, ist es, dass wir unser Pferd – wie oben beschrieben – nach und nach an den Testbereich gewöhnen und es diesen positiv assoziiert. Wir sollten uns für diese Eingewöhnungsphase Zeit lassen und mehrere Gewöhnungstage einplanen. Auch hier ist es wichtig, das Pferd nicht mit neuen Abläufen zu überfordern, sondern zwischen diesen Vorbereitungssessions 1-2 Tage zu pausieren und etwas anderes mit dem Pferd zu machen. Zu viel Zeit sollte allerdings auch nicht zwischen den Eingewöhnungstagen liegen.

Symbole wechseln

Bevor wir nun anfangen, Unterscheidungssymbole in unseren Testablauf zu integrieren, sollten wir uns im Vorfeld Gedanken über deren Reihenfolge machen. Die Symbole, die es zu unterscheiden gilt, müssen in einem Lerntest immer wieder die Seiten wechseln. In der Wissenschaft spricht man hierbei von einer pseudo-randomisierten Reihenfolge. »Randomisiert« bedeutet »zufällig verteilt«, »pseudo«, dass es nicht ganz ohne unseren Einfluss geht. Es gibt dafür eine Regel bei Lerntests, die besagt, dass das gleiche Symbol – zum Beispiel ein Kreuz – nicht mehr als dreimal hintereinander auf der gleichen Seite zu sehen sein sollte. Der Grund hierfür ist, dass das Pferd keine sogenannte Seitenpräferenz oder Seitenstetigkeit aufbauen soll oder wir diese auch nicht fördern sollten. Wenn das Pferd beispielsweise lernen würde, dass es immer auf der rechten Seite die Belohnung gibt und sich darauf verlässt, dass es hier wie immer belohnt wird, wird es nicht lernen, die gezeigten Symbole – Kreuz von Kreis – zu unterscheiden, um eine Belohnung zu erhalten. Eine pseudo-randomisierte Reihenfolge unserer Symbole bekommen wir hin, indem wir uns 2 Karten (oder gleich große Zettel), in unserem Beispiel eine mit einem Kreuz und eine mit einem Kreis, verdeckt auf den Tisch legen. Dann ziehen wir nacheinander immer wieder eine der zwei Karten und schreiben auf unserem Protokollbogen das Symbol auf, das wir gezogen haben. So entsteht eine zufällige Reihenfolge, die wir – wie schon erwähnt – nach dem dritten gleichen Zeichen einmal wechseln (siehe Bild Seite 102).

Um eine »zufällige« Zeichenreihenfolge festzulegen, ziehen wir Karten. Taucht dreimal dasselbe Zeichen auf, wird gewechselt. Diese Reihenfolge tragen wir in unseren Protokollbogen ein.

Session Durchgang	1	Zeit	2	Zeit	3	Zeit	4	Zeit
1	+ o		+ o		o +		o +	
2	o +		o +		+ o		+ o	
3	o +		+ o		+ o		o +	
4	+ o		+ o		o +		o +	
5	o +		+ o		+ o		o +	
6	o +		o +		+ o		+ o	
7	o +		o +		+ o		+ o	
8	+ o		+ o		o +		o +	
9	o +		+ o		+ o		o +	
10	o +		+ o		+ o		o +	
11	+ o		o +		o +		+ o	
12	+ o		o +		o +		+ o	
13	+ o		+ o		o +		o +	
14	o +		o +		+ o		+ o	
15	o +		o +		+ o		+ o	
16	+ o		o +		o +		+ o	
17	+ o		+ o		o +		o +	
18	+ o		o +		o +		+ o	
19	o +		o +		+ o		+ o	
20	+ o		+ o		o +		o +	

Im Protokollbogen werden die Anordnungen der Zeichenpräsentation dargestellt. Es wird eingetragen, ob die Antwort richtig oder falsch war und wahlweise, wie lange das Pferd für die Entscheidung gebraucht hat.

Der Protokollbogen

Wir fertigen einen Protokollbogen für unseren Lerntest an, damit wir jede Entscheidung unseres Pferdes dokumentieren und später auswerten können. Auf den Protokollbogen kommt auch, welches Symbol auf welcher Seite angebracht war, welche Entscheidung das Pferd getroffen hat, eventuell auch wie viel Zeit es dafür benötigt hat, sowie die Anzahl der Durchläufe.

Die Anzahl der Durchläufe

Um nachher einen Prozentsatz der Richtigentscheidungen berechnen zu können, wählen wir für einen bestimmten Lerntest, den wir konzipieren, immer die gleiche Anzahl an Entscheidungsdurchläufen. Wir sollten eine Anzahl wählen, die nicht zu gering ist (unter 10), damit wir eine aussagekräftige Auswertung erstellen können, die aber auch nicht zu

Session Durchgang	1		Zeit	2	Zeit	3	Zeit	4	Zeit
1	f	+ o	10	+ o		o +		o +	
2	f	o +	17	o +		+ o		+ o	
3	r	o +	20	+ o		+ o		o +	
4	f	+ o	9	+ o		o +		o +	
5	r	o +	10	+ o		+ o		o +	
6	r	o +	5	o +		+ o		+ o	
7	f	o +	7	o +		+ o		+ o	
8	r	+ o	12	+ o		o +		o +	
9	r	o +	6	+ o		+ o		o +	
10	f	o +	5	+ o		+ o		o +	
11	f	+ o	8	o +		o +		+ o	
12	f	+ o	12	o +		o +		+ o	
13	r	+ o	8	+ o		o +		o +	
14	f	o +	7	o +		+ o		+ o	
15	r	o +	9	o +		+ o		+ o	
16	r	+ o	11	o +		o +		+ o	
17	f	+ o	7	+ o		o +		o +	
18	r	+ o	5	o +		o +		+ o	
19	r	o +	8	o +		+ o		+ o	
20	f	+ o	5	+ o		o +		o +	

Der Protokollbogen wird für jede einzelne Lernsession ausgefüllt (r = richtig, f = falsch, Zeit in Sekunden). So können wir später nachvollziehen, welche Lernleistung unser Pferd erbracht hat.

hoch ist (über 30 Durchläufe), um die Konzentration des Pferdes nicht zu überlasten. Grundsätzlich empfiehlt sich eine Entscheidungsanzahl von 20 Stück. So können wir später in der Auswertung sehr einfach berechnen, ob das Pferd die Aufgabe gelernt hat oder nicht. Wenn wir zusätzlich noch eine gute Apparatur konzipiert haben, in der wir zügig die Zeichen wechseln können, dauert eine Lernsession nur etwa 10-20 Minuten.

Eine Lernkurve erstellen

Wie werten wir nun unsere Testergebnisse aus? Wir schauen zunächst auf unseren Protokollbogen. Nun zählen wir die richtigen Entscheidungen gegen die falschen Entscheidungen aus. In unserem Beispielprotokollbogen sind es 10 richtige Entscheidungen und 10 falsche Entscheidungen von insgesamt 20. Hier lässt sich einfach errechnen, dass die Aufteilung 50 % zu 50 % ist. Dies liegt eindeutig im zufälligen Bereich. Laut wissenschaftlicher Tests können wir davon ausgehen, dass bei 80 % richtiger Antworten in zwei aufeinanderfolgenden Lernsessions, unser Pferd die Aufgabe gelernt hat. Das sind bei 20 Entscheidungen (wie in unserem Beispiel) jeweils 16 richtige Antworten in zwei Sessions.

Es ist typisch, dass in den ersten Sessions die Entscheidungen zufällig verteilt sind (siehe Lernkurve). Das liegt daran, dass in der anfänglichen Lernphase das Pferd ausprobiert, welches Verhalten zur richtigen Lösung führt. Diese zunächst zufälligen Entscheidungen (operante Konditionierung) formen das Lernverhalten, indem die »richtige« Entscheidung immer wieder belohnt wird und damit eine Verknüpfung (Assoziation) geschaffen wird. Es kann auch vorkommen, dass unser Pferd plötzlich in einer Session sehr viele Antworten richtig trifft. Hierbei

Die Lernkurve zeigt uns die Richtig-Entscheidungen in Prozent pro Lernsession. Mit dieser Darstellung können wir die Lernleistung des Pferdes am besten nachvollziehen. Um einen Wert von 50 % ist die Entscheidung noch zufällig. Bleibt sie über 80 %, ist die Aufgabe gelernt.

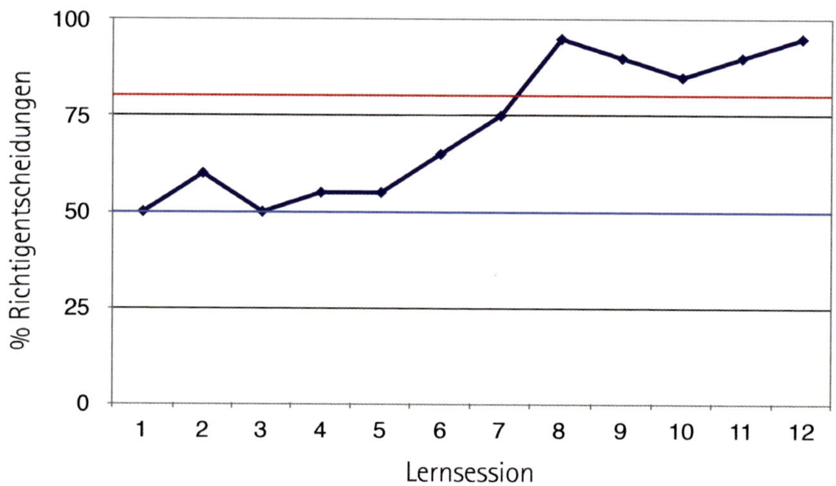

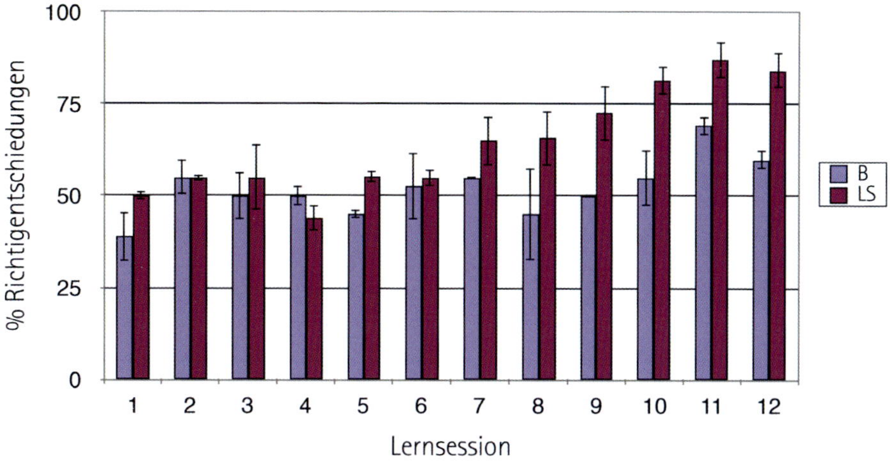

Das Schaubild zeigt den Vergleich der Lernleistungen zweier Gruppen. Verglichen werden hier die Durchschnittswerte einer Pferdegruppe aus Boxenhaltung (B) mit denen einer Gruppe aus Laufstallhaltung (LS). Die Ergebnisse zeigen, die Pferde aus Laufstallhaltung erzielten bessere Ergebnisse (Gabor et al, 2006).

sollten wir allerdings auf die Wiederholung warten, die wirklich bestätigt, dass das Pferd sich ganz bewusst für eine bestimmte Symbol-Karte entscheidet.

Um das Lernen unseres Pferdes anschaulich zu machen, sollten wir eine Lernkurve erstellen. Wir können dies am Computer (z.B. in Excel) oder auf einem Blatt Papier machen. Wir teilen unser Blatt in 10 Einheiten nach oben für die Prozentzahl der Richtigentscheidungen (Y-Achse) und zeichnen die Sessions, die wir insgesamt durchgeführt haben, auf der Achse nach rechts auf (X-Achse). So bekommen wir jeweils einen Punkt pro Lernsession und veranschaulichen, wie viel Prozent das Pferd in der jeweiligen Session geschafft hat. Eine typische Lernkurve sehen wir auf Seite 104.

Wir können dann später Lernkurven miteinander vergleichen. Je nach Fragestellung können wir dies zwischen verschiedenen Pferden im Allgemeinen machen, die den Test mit unserem Pferd gemeinsam absolviert haben. Wir können aber auch die Lernkurven zwischen Pferden aus verschiedenen Haltungsformen vergleichen (Fragestellung siehe oben). Es ist aber auch möglich, Lernkurven unseres eigenen Pferdes von unterschiedlichen Tests zu vergleichen. Vielleicht stellen wir dabei fest, dass unser Pferd neue Aufgaben immer schneller lösen kann. Hierbei würde die Lernkurve schneller ansteigen, als beim Test zuvor. Dieses Phänomen kennt man in der Wissenschaft, denn es ist bekannt, dass Pferde »lernen zu lernen« (siehe oben). Das Pferd benötigt demnach immer weniger Sessions, um das Lernkriterium von 80 % Richtigentscheidungen zu erreichen.

Mithilfe unserer Ergebnisse und der erstellten Lernkurven können wir auch kleine Studien durchführen. Wenn wir Freunde aus dem Stall bitten, sich mit uns für einen Lerntest zusammenzuschließen und wir mehrere lernende Pferde auswerten können, wird dies möglich und macht auch noch gemeinsam sehr viel Spaß. Wenn wir beispielsweise 5 Pferde aus den Boxen und 5 Pferde aus dem Laufstall testen würden, hätten wir schon eine kleine Vergleichsstudie. Hierbei nehmen wir immer die Durchschnittswerte der Gruppe und sehen welche Gruppe schneller ans Ziel gelangt ist.

Wichtig bei unserer Auswertung ist es, gerade wenn wir Pferde untereinander vergleichen, dass es hier nicht um »schlau« oder »dumm« oder mehr oder weniger »intelligent« geht, denn es spielen sehr viele Faktoren eine Rolle, warum dieses Pferd in dieser Situation schneller oder eventuell langsamer lernt. Wir wollen hier untereinander als Besitzer auch keinesfalls in einen Konkurrenzkampf der Pferde treten. Darum soll es nicht gehen! Sondern es soll darum gehen, unseren Pferden das Lernen zu erleichtern und sie in ihren Entscheidungen immer besser zu verstehen.

Faktoren, die das Lernen beeinflussen

Wie auch schon im einleitenden Kapitel beschrieben, wird klar, dass es sehr viele Faktoren gibt, die das Lernverhalten unseres Pferdes beeinflussen. Sei es die Lernumgebung, die Konzentrationsfähigkeit, die Vorerfahrung mit dem Menschen gemeinsam zu lernen, die Haltungsbedingungen, der Stress im Alltag oder beim Training, sowie das Alter, das Geschlecht und die Rasse. Diese Faktoren können alle Einfluss auf das Lernen haben.

Ebenso ist die Leistung unserer Pferde tagesformabhängig. Wie schon in der circadianen Rhythmik erwähnt, gibt es auch Zyklen über Tage, Wochen oder Jahreszeiten, die das Verhalten und damit auch das Lernen unserer Pferde beeinflussen. Hengste und Stuten zum Beispiel sind ihren hormonellen Schwankungen unterworfen, im Gegensatz zu Wallachen. Vielleicht hat unser Pferd aber auch einmal schlecht geschlafen oder in der Herde war nachts viel los, so dass es sich tagsüber nicht so gut konzentrieren kann.

Wenn unser Pferd einmal »schlecht drauf ist«, sollten wir dies erkennen und vielleicht an diesem Tag etwas anderes mit ihm machen, beispielsweise keine neue Lernaufgabe, sondern ein lockeres, ausgleichendes Bewegungsprogramm. Ein Pferd kann demnach an einem Tag motiviert sein und an einem anderen Tag weniger motiviert, um mit uns eine neue Lernaufgabe zu bestreiten. Dies sollten wir dem Pferd nicht krummnehmen, sondern immer versuchen, uns in es hineinzuversetzen.

Wir als Besitzer spielen als Lern-Faktor auch eine wesentliche Rolle. Sind wir selbst gestresst, unter Spannung, Druck oder frustriert, weil das Pferd die Aufgabe nicht direkt begreift, beeinflussen wir damit sein Lernergebnis ebenso.

Unsere innere Unruhe überträgt sich auf das Pferd genauso wie unsere Gelassenheit, denn wir haben einen sensiblen Partner, der auf uns achtet und uns beobachtet. Und wie wir schon gelernt haben, ist Stress kein guter Begleiter beim effektiven Lernen. Wir können uns selbst unter Druck setzen, dass das Pferd die Aufgabe schafft oder dass wir vielleicht gut dastehen, wenn andere zugucken. Diese Faktoren sollten wir aus der Arbeit mit dem Pferd ausklammern, damit wir offen für die Ergebnisse sind und selbst motiviert und entspannt an die neue Herausforderung herangehen können.

Die entspannte Haltung des Menschen und die ruhige Lernumgebung beeinflussen die Konzentration und das Lernverhalten des Pferdes positiv.

In diesem Buch haben wir schon oft die Motivation als wichtigen Faktor des Lernens genannt. Die Motivation des Pferdes, mit uns zu arbeiten, stets hochzuhalten, ist eines der wichtigsten Kriterien für die Zusammenarbeit. Hierbei spielen die Intensität und die Häufigkeit unserer gemeinsamen Übungseinheiten sowie der gute Ausgang und die Bewältigung der Aufgabe eine entscheidende Rolle. Wofür tut das Pferd das Ganze? Für ein lobendes Wort, einen Drucknachlass oder eine Futterbelohnung? Wenn wir in unseren Lerntests Futter einsetzen, ist es wichtig, dass das Pferd dieses gerne mag. Wenn es nicht motiviert ist, an die Futterbelohnung zu kommen – aus verschiedensten Gründen –, kann es sein, dass es sich auch nicht bemüht, sie zu erhalten.

Als Besitzer haben wir großen Einfluss auf die Motivation unserer Pferde. Haben wir eine positive Einstellung und wecken deren Neugier, sind dies hervorragende Voraussetzungen für eine gute Lernleistung.

Unterscheidungslernen

Das Unterscheidungslernen gehört zur operanten Konditionierung (siehe Seite 16). Das bedeutet, dass das Pferd durch eine zunächst zufällige Entscheidung belohnt wird. Wenn diese Entscheidung mit der Belohnung oft genug zusammentrifft, bildet sich eine Assoziation – also eine Verknüpfung – von genau diesem Verhalten mit dem belohnten Ausgang. Wenn wir unser Pferd nun schon an eine Versuchswand oder auch schon an einen Versuchsgang gewöhnt haben, kommt als nächstes, dass wir uns bei einer Versuchsfrage überlegen, was unser Pferd unterscheiden soll.

Zeichenunterscheidung

Für den Einstieg ist es eine schöne Aufgabe, wenn wir unser Pferd geometrische Symbole unterscheiden lassen. Zum Beispiel können wir anfangen mit Kreuz und Kreis. Der erste Lernschritt, den unser Pferd lernen sollte, ist, auf die Karte mit einem Symbol zu achten. Also beginnen wir mit dem ersten Lernschritt: der Unterscheidung zwischen leerer Karte (blanco) und Karte mit Symbol (Kreuz) (siehe Bild Seite 109). Wir konzipieren nun die Reihenfolge, in der wir die Symbolkarte und die weiße Karte präsentieren, für 20 Entscheidungsdurchgänge. Dafür nehmen wir unseren Protokollbogen zur Hand und tragen – nach vorher erwähnter pseudo-randomisierter Reihenfolge – ein, in welchem Durchgang, auf welcher Seite das Kreuz zu erscheinen hat.

Der Test beginnt. Haben wir den Versuchsablauf, das Pferd loszulassen und eine der Karten anzutippen schon mit unserem Vortest gut eingeübt, wird das Pferd sich zufällig für eine der Karten entscheiden. Hat es eine falsche Entscheidung getroffen, holen wir das Pferd ab, vielleicht unterstützt durch ein »Nein!«, und bringen es wieder an die Startposition zurück. So verfahren wir 20 Durchgänge hintereinander. Jedes Mal tragen wir die Seite, die das Pferd gewählt hat, ein und ob es richtig oder falsch gelegen hat. Nach 20 Durchläufen ist die erste Lernsession beendet. Nun ist es einfach auszurechnen, wieviel Prozent Richtigentscheidung das Pferd in unserer allerersten Lernsession geschafft hat. Wenn 20 richtige Entscheidungen 100 % sind, sind 10 richtige Entscheidungen 50 %. Pro Entscheidung vergeben wir in diesem Falle 5 Prozent-Punkte.

Zu Beginn sind die Entscheidungen unseres Testpferdes zufällig. In den ersten Lernsessions probiert es aus, bevor es die richtige Strategie entdecken wird. Dies ist eine wichtige Lernphase, die wir unbedingt zulassen sollten, auch wenn es uns zu Beginn vielleicht schwerfällt. Hier müssen wir geduldig sein. Auch wenn wir denken, dass das Pferd manchmal schon bewusst entscheidet und danach gefühlt wieder einige falsche Entscheidung trifft, ist dies ganz normal in diesem sehr sensiblen Stadium des Lernens. Wie schon in der Lernkurve (siehe Seite 104) zu sehen ist, befinden sich die Entscheidungen anfangs um den Wert von 50 %. Wichtig ist, dass wir für jede Session einen neuen Protokollbogen mit einer neuen Abfolge der Zeichen konzipieren. So verhindern wir eine Seitenstetigkeit des Pferdes und auch, dass es eine Reihenfolge auswendig lernen kann. Denn durch diese Strategie, an die Belohnung zu kommen, würde verhindert, dass es die eigentliche Unterscheidungsaufgabe zu lösen lernt.

Wir wiederholen die Lernsessions (à 20 Durchgängen) so oft, bis unser Pferd es in zwei aufeinanderfolgenden Lernsessions geschafft hat, 80 % richtige Entscheidungen zu treffen (also 16 richtige von 20). Wenn wir uns nun in unserer Testphase befinden, ist es wichtig, dass wir unser Pferd nicht zu viele

Die erste Stufe der Symbolunterscheidung ist, die Karte mit dem Symbol von der »Blanco«-Karte zu unterscheiden und diese anzutippen.

Sessions hintereinander absolvieren lassen (siehe: S. 34 »Wie oft macht Lerntraining Sinn«). Etwa 2 Sessions an einem Testtag sollten reichen. Zwischen den Testtagen können wir ein bis zwei Tage Pause machen, so dass wir etwa 6 Lernsessions pro Woche schaffen. Nach bisheriger Erfahrung brauchen Pferde 5–10 Sessions, um diesen ersten Lernschritt zu erreichen – also etwa ein bis zwei Wochen. Keine Sorge, auch wenn dies uns erstmal langwierig vorkommt, werden wir feststellen: Hat das Pferd ersteinmal gelernt, welche Strategie die richtige ist, nämlich auf die Karten zu achten, wird es immer schneller in den nächsten Lernschritten werden, um auf die Lösung zu kommen.

Ist der erste Lernschritt erreicht, also das Lernkriterium von 80 % in zwei aufeinanderfolgenden Sessions absolviert, kommt das Pferd zum nächsten Lernschritt. Hier kommt nun das zweite Zeichen hinzu – in diesem Fall der Kreis. Nun sind das erste Mal zwei Unterscheidungszeichen mit im Spiel. Wir verfahren genauso wie im ersten Lernschritt, nur dass es nun für das Pferd schwieriger ist, nicht nur die Karte mit einem Symbol zu wählen, sondern auch zu unterscheiden, welches Symbol das richtige ist. Wir nehmen in diesem Falle das Kreuz als »richtiges Zeichen«, denn dieses wurde im vorherigen Lernschritt schon belohnt. Auch diese neue Anordnung von Kreuz und Kreis tragen wir in unserem Protokollbogen ein.

Ist die Unterscheidung von Kreis und Kreuz geglückt, bleibt es uns überlassen, welche Symbole wir als nächstes unterscheiden lassen. Dies können geometrische Formen, abstrakte Symbole oder auch Buchstaben sein.

Generalisieren: Was ist gleich?

Wir können unserem Pferd nicht nur die Aufgabe stellen, Symbole zu unterscheiden, sondern auch Muster und Symbole als »gleich« zu erkennen. Die Wissenschaft zeigt, Pferde sind fähig, Dinge zu generalisieren, also ähnliche Merkmale an diesen Dingen festzustellen (Sappington und Goldman, 1994).

Ziel dieses Lerntest ist es, dass wir das Symbol auf der »richtigen« Lernkarte, die vom Pferd zu wählen ist, immer ähnlich gestalten, z.B. kann dieses immer die Form eines Dreiecks haben. Wenn das Pferd nun den vorherigen Unterscheidungstest gut absolviert hat, führen wir die zwei neuen Symbole Dreieck und z.B. ein Oval ein.

Hat unser Pferd diese Unterscheidung mit dem Dreieck als »richtige« belohnte Karte gemeistert, erstellen wir neue Lernkarten, z.B. ein offenes Dreieck zu einem anderen Zeichen.

Das Dreieck ist die »richtige« Wahl. Hat unser Pferd diese Lernstufe erreicht, kommt es in die nächst schwierigere.

Der Vergleich und das Erkennen des Dreiecks wird von Lernstufe zu Lernstufe schwieriger. Hier einige Beispiele.

Wichtig ist, dass in allen »Vergleichskarten«, die wir erstellen, eine davon die Form eines Dreiecks hat. Dieses Dreieck kann in der nächstes Lernstufe dann gedreht oder gekippt sein, sollte aber für eine Lernstufe – also bis zweimal 80 % erreicht wurden –, das gleiche Erscheinungsbild haben. Also ist das »Gleiche« an diesem richtigen Symbol in allen Lernstufen immer die drei Ecken. Um die Anforderung nach und nach zu erschweren, können wir das Pferd erst das Dreieck von runderen und später von eckigeren, also ähnlich aussehenden, Symbolen unterscheiden lassen. So wird es von Lernstufe zu Lernstufe etwas schwieriger.

Farbunterscheidung

Pferde sind Dichromaten und besitzen zwei Zapfentypen auf der Netzhaut des Auges, die für die Farbwahrnehmung verantwortlich sind. Wir Menschen sind Trichromaten (Geisbauer et al, 2004) und besitzen im Gegensatz zum Pferd drei verschiedene Zapfentypen auf der Netzhaut. Pferde sehen besonders gut im gelben und blauen Bereich der Farbwahrnehmung. Man könnte sie im Vergleich zum Menschen als Rot-grün-Blinde bezeichnen (Hanggi et al, 2007). Auch wenn wir schon über die Farbwahrnehmung aus der Wissenschaft recht viel wissen, ist es trotzdem sehr spannend, was unser eigenes Pferd in solch einem Farbtest alles unterscheiden kann. Dieses schöne Lernspiel fördert Konzentration und Aufmerksamkeit unseres Pferdes.

Die erste Lernstufe und der stärkste Kontrast, den wir in unserem Lerntest wählen können, ist die Unterscheidung von Schwarz und Weiß. Wir basteln uns also eine Lernkarte, die eine große schwarze Fläche zeigt und eine mit einer weißen.

Wir verfahren genauso wie in der Zeichenunterscheidung. Nach dem vorher erlernten Auf-die-Versuchswand-Zugehen und Antippen der Karten, können wir die schwarzen und weißen Lernkarten in unserer vorher festgelegten Reihenfolge 20-mal präsentieren. Wir bestimmen die »richtige Karte«, dies sollte auch hier die Karte mit der Farbe sein, also: schwarz. Auch hier nutzen wir wieder unseren Protokollbogen, um jede Antwort genau zu dokumentieren und im Testablauf genau zu wissen, in welcher Reihenfolge welche Karte auf welcher Seite präsentiert wird.

Ist der erste Lernschritt absolviert und die Unterscheidung von Schwarz und Weiß geglückt, können wir beliebig anfangen, Farben unterscheiden zu lassen. Natürlich macht es Sinn, dies nur in dem natürlichen Spektrum des Pferdes zu tun, aber die Möglichkeit verschiedene Farbstufen unterscheiden zu lassen, gibt es natürlich auch noch. Beispielweise wäre es möglich, nach der Schwarz-weiß-Unterscheidung verschiedene Grautöne zu erstellen und das Pferd immer den »dunkleren« Ton wählen zu lassen. Hier befinden wir uns tatsächlich schon in einer »relativen« Unterscheidung, also einer höheren kognitiven Lernform, als der absoluten Unterscheidung von zwei Farbtönen. Eine andere Aufgabenstellung wäre, sich eine bestimmte Farbe herauszusuchen, beispielsweise einen bestimmten Blauton, und diesen immer als »richtig« anzugeben, egal mit welcher Farbe er zusammen präsentiert wird.

Gesichtererkennung

Die Wissenschaft hat bereits gezeigt: Pferde können menschliche Gesichter unterscheiden (Stone, 2010). Das Pferd ist ein hoch soziales Wesen und besitzt eine komplexe Herdenstruktur. Jedes einzelne Herdenmitglied wird erkannt und unterschieden. Es wird äußerst

Wenn wir unserem Pferd verschiedene Gesichter präsentieren, sollten diese gleich groß und deren Mimik eine ähnliche Stimmung ausdrücken. Passfotos eigenen sich gut dafür.

fein über Mimik und Gestik kommuniziert, und das Erkennen nicht nur von unterschiedlichen Gesichtern, sondern sogar Stimmungen im Gesicht des Artgenossen, ist Pferden möglich. So ist es erklärbar, dass sie auch uns an unserem Aussehen und unseren individuellen Gesichtern erkennen und unterscheiden und sogar unsere Emotionen einschätzen können (Smith et al., 2016).

An dieser Stelle können wir wieder kreativ werden und beispielsweise ein Foto von uns selbst und einem unbekannten Menschen (für das Pferd) machen. Wir sollten darauf achten, dass die Gesichter in gleicher Größe und möglichst auch in gleicher Stimmung aufgenommen werden. Denn dann können wir sie noch für eine spätere Gefühlsunterscheidung nutzen. Wenn unterschiedliche Gesichtergrößen oder andere Gegenstände mit auf dem Bild zu sehen sind, könnte es sein, dass unser Pferd die Fotos anhand anderer Merkmale unterscheidet und nicht nur anhand des Gesichtes.

Ist unser Pferd tatsächlich fähig, uns von anderen, vielleicht sogar ähnlich aussehenden Menschen zu unterscheiden, wie nahen Verwandten, z.B. Geschwistern? Das ist eine wirklich spannende Fragestellung.

Ein weiterer höchst spannender Lernschritt ist es, unser Pferd verschiedene Gesichtsausdrücke unterscheiden zu lassen. Einmal schauen wir sehr freundlich und zugewandt, auf dem anderen Bild sehr unfreundlich. An dieser Stelle könnten wir zunächst eine Person unterscheiden lassen und im nächsten Schritt dann auch fremde Personen oder vielleicht sogar Mann und Frau.

Hier sind also unserer Fantasie und Testausdauer wieder einmal keine Grenzen gesetzt.

Zuordnen von Tönen

Pferde hören in einem Spektrum von 55 Hz bis 33.5 kHz am besten (Heffner und Heffner, 1983). Das ist ähnlich wie beim Menschen, nur dass das Pferd auch höherfrequente Töne im Gegensatz zu uns noch gut hören kann. Da bereits herausgefunden wurde, in welchem Frequenzbereich Pferde hören, können wir uns in unseren Tests auf weitere spannende Fragestellungen konzentrieren.

Bei diesem Test gehen wir etwas anders vor als bei unseren bisherigen Lernkarten. Eine Aufgabenstellung im Bereich der Tonunterscheidung könnte sein, dass wir unserem Pferd zwei verschiedene Geräusche oder Tonabfolgen beibringen, wie eine kurze Melodie (2–3 Sekunden lang), und jede mit einer Seite der Versuchswand assoziieren. Die Antwort auf Melodie 1 wäre: Berühren der linken Karte, die Antwort auf Melodie 2 wäre: Berühren der rechten Karte. Dafür spielen wir

Pferde hören sehr gut. Die Ohrmuscheln sind extrem beweglich und ermöglichen dem Pferd sogar ein Rundum-Hören.

in unseren 20 Testdurchgängen in einer Lernsession in wieder vorher festgelegter pseudo-randomisierten Reihenfolge die Töne ab. Hier könnte es einige Sessions mehr dauern, bis unser Pferd auf die richtige Strategie kommt, denn Hinhören und Hinschauen beansprucht gleich zwei Sinneskanäle auf einmal.

Als Variante dieses Tests können wir auch eine bestimmte Karte mit einem bestimmten Geräusch assoziieren. Zum Beispiel: Melodie 1 ist mit dem Quadrat verknüpft und Melodie 2 mit dem Strich. Hier sollten wir andere Symbole verwenden, als zuvor beim Zeichenunterscheidungs-Test, da wir sonst noch ein erschwertes Umlernen mit ins Spiel bringen würden.

Hier wird tatsächlich nicht nur die Melodie, sondern auch die Seite der Karten gewechselt. Also doppelt schwer.

Ein sehr erheiternder Test ist, Tierstimmen mit Stofftieren zu verknüpfen. Ein Grunzen mit einem Schwein, ein Quaken mit einem Frosch usw. Hier können wir die Anzahl der Tiere, die das Pferd zuordnen soll, immer weiter erhöhen – was für eine spektakuläre Vorführung beim nächsten Hoffest! Um die Tierstimmen genauso wie die Melodien zuvor immer in gleicher Weise abspielen zu können, empfiehlt sich eine Tierstimmen-App, die sicherlich auch noch neue Ideen aufkommen lässt.

Unser Pferd lernt, eine Tierstimme dem richtigen Stofftier zuzuordnen.

Hier darf etwas Technik eingesetzt werden: eine Tierstimmen-App und ein Lautsprecher. Das Pferd lernt zuerst, jede Tierstimme einzeln mit dem jeweiligen Tier zu verknüpfen.

Wir legen ein Stofftier neben einen Bluetooth-Lautsprecher auf eine Bank. Nun soll unser Pferd zunächst einmal Folgendes lernen: Wird der Ton abgespielt, soll es auf das eine Tier zulaufen und es berühren. Dies wird sofort belohnt. So verfahren wir erst mit zwei, später auch mit weiteren Tieren. Am Schluss können wir mehrere Tiere auf die Bank setzen, eine Tierstimme abspielen und das Pferd soll das dazugehörige Stofftier wählen.

Die Tierstimmen können am Ende des Test den Tieren zugeordnet werden.

Höhere Lernaufgaben

Können Pferde zählen? Diese Frage kam schon Ende des 19. Jahrhunderts auf, als Herr von Osten seinem Pferd Hans Rechenaufgaben stellte, die selbst für den Menschen im Kopf schwer lösbar waren. Hans schien alle Aufgaben mit Bravour zu lösen, indem er mit seinem Vorderhuf auf eine Holzplatte klopfte und bei der richtigen Lösung angelangt, aufhörte zu klopfen. Dies führte zu Aufsehen und es schien lange Zeit unerklärlich, wie der »kluge Hans« diese Matheaufgaben bewältigen konnte. Erst viel später stellte sich heraus, dass Hans ganz genau die Mimik seines Besitzers beobachtete und dessen Erwartungshaltung, wann die richtige Lösung da war, in seinem Gesicht ablesen konnte. So konnte er noch so schwere Rechenaufgaben lösen, denn sein feines Auge für die Mimik des Menschen wusste er gut einzusetzen.

Heute ist der Wissenschaft bekannt: Pferde können nicht wie der Mensch wirklich rechnen und haben auch nicht die Vorstellung von einer Unendlichkeit von Anzahlen. Was sie können – und dies konnten wir mit eigenen Studien nachweisen: Pferde sind fähig, Anzahlen als größer und kleiner abzuschätzen und Anzahlen bis 5 zu erkennen und diese von anderen Anzahlen zu unterscheiden (Gabor und Gerken, 2014; Uller und Lewis, 2009). Diese Fähigkeit nennt sich »subitizing« – die Aufsummierung einer direkt gesehenen Anzahl. Das Pferd zählt also nicht 1, 2, 3, 4, 5 ..., sondern schätzt eine geringe Anzahl direkt ab, hat es diese kurz gesehen.

Auch wir Menschen sind bei dieser Aufsummierung nur fähig, Anzahlen bis 7 zu erkennen. Man stelle sich vor, wir blicken rechts unten auf den Boden, dort liegen 5 Erbsen, wir schauen direkt wieder zurück und wissen, wie viele Erbsen dort lagen: 5. In diesem Bruchteil von einer Sekunde haben wir diese nicht abgezählt, sondern als Bild im Kopf behalten und diese Anzahl erkannt. Wie können wir uns nun dem spannenden Thema »Anzahlerkennung« nähern?

Das Erlernen von »mehr oder weniger«

Wir können mit einem relativ einfachen transportablen Aufbau einen ersten Test auf Anzahlerkennung bei unserem Pferd durchführen. Wir präsentieren unserem Pferd in diesem Lerntest verschiedene Anzahlen von Gegenständen beispielsweise auf zwei umgedrehten Eimern. Hier lassen wir das Pferd nicht die gleiche Anzahl erkennen, sondern können das Prinzip von »mehr und weniger« dem Pferd beibringen. Dies ist eine andere Form der Anzahlerkennung und kann nachweisen, dass unser Pferd den relativen Begriff von höherer und niedrigerer Anzahl versteht.

Hier fangen wir zunächst mit einem Gegenstand an – in diesem Fall ein umgedrehter Becher oder Blumentopf. Als Antwort, für welche Anzahl sich das Pferd entscheidet, soll es den Gegenstand berühren. Schafft es in den bekannten 80 % der Fälle den richtigen Becher zu berühren, gehen wir in den nächsten Lernschritt. Auch hier können wir als nächste Schritte 1 gegen 2, 2 gegen 3 ... Gegenstände dem Pferd präsentieren. Gerade weil wir nicht mit einer Versuchswand arbeiten, sollten wir darauf achten, dass das Pferd selbstständig auf die zu unterscheidenden Gegenstände zuläuft, und wir es nach Möglichkeit nicht in seiner Entscheidung beeinflussen.

Wir benötigen für das Erlernen von »mehr und weniger« zwei Eimer, ein paar Blumentöpfe, eine Futterbelohnung und unseren Protokollbogen. Dieser Aufbau ist einfach und transportabel. Wir sollten darauf achten, dass unser Pferd lernt, selbstständig auf die Eimer zuzugehen.

Berührt das Pferd die gewünschte Anzahl, bekommt es eine Futterbelohnung.

Anzahlen erkennen und vergleichen

Nun kommen wir zu einem sehr komplexen Lerntest, der sogar noch darüber hinausgeht, »mehr oder weniger« erkennen zu können, und sich der abstrakten Regel bedient: »Wähle die gleiche Anzahl, die dir vorgegeben wird und unterscheide diese von einer anderen.«

Als Verhaltenswissenschaftler bauten wir für diesen Lerntest eine Computer-Lernapparatur auf, an der die Präsentation der Symbole und Anzahlen über den Bildschirm zu steuern war. Dadurch konnte für die gesamte Lernsession die Konzentrationszeit relativ geringgehalten werden, sie lag bei etwa 7 Minuten für 20 Entscheidungsdurchläufe.

In diesem Lerntest mussten Shetlandponys einige Lernschritte nacheinander am Lerncomputer absolvieren. Erst haben sie gelernt, die Anzahl 1 gegen 2 zu unterscheiden, dann 2 gegen 3, darauf 3 gegen 4 und abschließend 4 gegen 5. Wir präsentierten dafür zunächst verschiedene Kreise, bis alle Lernschritte absolviert waren. In der anschließenden Aufgabe wurden den Ponys später verschiedene geometrische Symbole als Anzahlen präsentiert, wiederum bis zur Anzahl 5. Drei Shetlandponys aus einer kleinen Gruppe schafften die Aufgabe bis zum Schluss und konnten auch die geometrischen Zeichen als gleiche und ungleiche Anzahlen einander zuordnen.

In diesem wissenschaftlichen Test wurde ein Computer verwendet, um die Symbole zu zeigen.

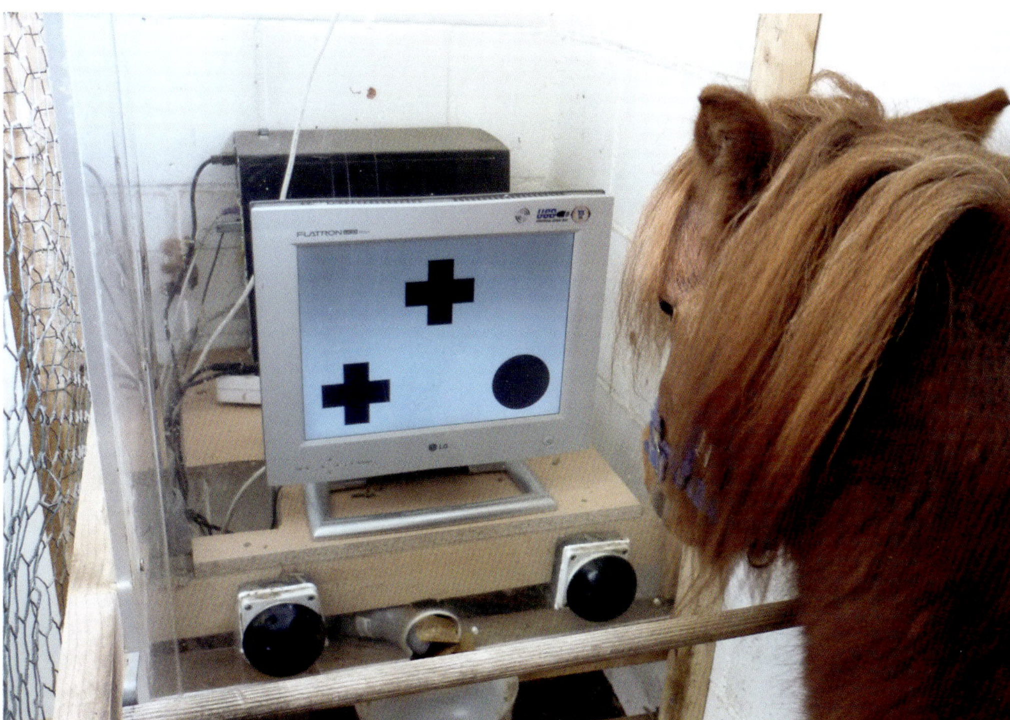

Das Drücken der Knöpfe darunter gibt die Antwort des Pferdes an. Erst wurden geometrische Formen als »gleich« gelernt (Bild Seite 121), dann abstrakte Symbole (siehe Bild oben). Später wurden auf dem Monitor Anzahlen präsentiert. (Gabor und Gerken, 2012)

Wir wählten hierfür eine Dreiecksanordnung (siehe Bild). Die Pferde hatten in einem vorherigen Test gelernt: »Wähle das Symbol, welches du oben siehst, unten aus.« Dieses Prinzip nennt sich »Matching to sample« zu Deutsch: »Wahl nach Muster.« Dieses »Prinzip der Gleichheit« zeigt ein begriffliches, beziehungsweise abstraktes Lernen, denn die Pferde lernen eine Regel zu nutzen und diese auf verschiedene Aufgabenstellungen zu übertragen. Es wurde noch nicht bei vielen Säugetieren nachgewiesen, dass sie solch hohe Lernkapazitäten besitzen. Pferde stellen sich hierbei in die Reihe der Elefanten, Krähen, Delfine und Seelöwen, den »schlauen« Tieren!

Vielleicht können wir diese Erkenntnis nicht direkt in das allgemeine Pferdetraining übertragen und brauchen diese auch nicht, um bestimmte Aufgaben, die wir mit dem Pferd vom Boden und vom Sattel aus lösen wollen. Aber es zeigt doch, wie hoch sensibel und hoch kognitiv Pferde wahrnehmen, denken, unterscheiden und reagieren. Dies sollte uns stets zu denken geben, wenn wir sie als »stumpf«, »stur« oder »langsam« bezeichnen. Denn Pferde benötigen viele Reize aus ihrer Umwelt, von ihren Artgenossen und eben auch von uns, um sich kognitiv ausgelastet und wohlzufühlen. Würden wir einem so intelligenten Tier eine reizarme Umgebung bieten, würde es mit Sicherheit leiden. Aus diesem Grund sind solche, auch sehr spezielle Forschungsergebnisse durchaus wichtig für unseren täglichen Umgang mit dem Pferd, die Haltung, die wir unseren Pferden bieten, und unser Wissen, das wir stets erweitern sollten, um pferdegerecht arbeiten zu können.

Um diesen Test nachzustellen, müssen wir nicht zwangsläufig mit einer Computer-Apparatur arbeiten, sondern können natürlich auch unsere Versuchswand nutzen. Für diesen Lerntest benötigen wir also 3 Lernkarten. Wir fangen zunächst mit dem »Matching to sample« – der »Wahl nach Muster« mithilfe einfacher geometrischer Symbole an (siehe Bild unten).

Das Pferd sollte hier schon Umgang mit Lernkarten und auch mit der Unterscheidungswand und dem dazugehörigen Gang haben. Wir fangen im ersten Lernschritt an zwei gleiche Symbole – oben und auf einer der Seiten – zu präsentieren. Die richtige Entscheidung, die wir vom Pferd erwarten, wäre die untere Karte anzutippen – beziehungsweise die Klappe zu öffnen –, auf der das oben mittig dargestellte Symbol abgebildet ist. Wir wechseln hier Kreuz und Kreis ab, auch wieder in einer pseudo-randomisierten Reihenfolge, die wir vorher festlegen und in jeder Session neu gestalten. Das bedeutet, es könnte bis zu 3-mal das Kreuz auf verschiedenen Seiten auftreten und dann bis zu 3-mal der Kreis. Insgesamt sollten zehnmal das Kreuz und zehnmal der Kreis als Muster-Symbol präsentiert werden. Hat das Pferd dies wiederum in zwei aufeinanderfolgenden Lernsessions zu 80 % richtig entschieden, kommt das dritte Zeichen – das sogenannte Störzeichen – in der Wissenschaft Distraktorreiz genannt – hinzu. Also sieht das Pferd eine Anordnung von beispielsweise zwei

Bei der Dreiecksanordnung vom »Matching to sample« oder »Wahl nach Muster« wird das Muster-Symbol (oben) mit den zwei Unterscheidungssymbolen verglichen (unten). Das Pferd lernt das »Prinzip der Gleichheit«.

Beispiele für die Präsentation von Anzahlen: Die Anzahl oben gibt die richtige Anzahl unten an. Die Kreise sind unterschiedlich gruppiert, so dass nicht nach »Aussehen«, sondern nur nach »Anzahl« unterschieden werden kann.

Kreuzen und einem Kreis oder zwei Kreisen und einem Kreuz. Die richtige Wahl ist immer das gleiche unten zu wählen, was oben präsentiert ist.

Hat das Pferd das »Prinzip der Gleichheit« verstanden und kann die »Matching to sample«-Aufgabe stabil lösen, können wir zunächst mit weiteren Fantasie-Symbolen arbeiten. Ich nahm bei meiner Studie ein Peacezeichen, einen Notenschlüssel, ein Flugzeug und das Symbol »Pi« (Bild Seite 122). Der Kreativität sind hier keine Grenzen gesetzt. Wenn das Pferd es schafft, die Regel »wähle das Gleiche« auf komplett neue Symbole zu übertragen, ist bewiesen, dass es diese abstrakte Aufgabe beherrscht. Meist geschieht das spontan mit 80 % richtigen Entscheidungen in der ersten Session. Wenn dies der Fall ist, ist unser Pferd auch bereit, Anzahlen unterscheiden zu können. Die Punkte oder Symbole, die wir als eine Anzahl auf unseren Lernkarten präsentieren, sollten nicht zu dicht aneinander sein, denn unser Pferd könnte diese dann vielleicht nicht mehr getrennt voneinander wahrnehmen. Wir sollten also auf ein paar Zentimeter Zwischenraum zwischen den einzelnen Punkten oder Symbolen achten.

Die Reihenfolge, in der wir Anzahlen präsentieren könnten, sieht man in der Abbildung (Seite 124).

Lernschritte, die wir bei der Anzahlerkennung aufeinander aufbauen, sind wie oben schon erwähnt zuerst die Unterscheidung von Anzahl 1 gegen 2, 2 gegen 3, anschließend 3 gegen 4 und schlussendlich 4 gegen 5.

Pony Moritz in der Unterscheidung der Anzahlen 4 gegen 5.

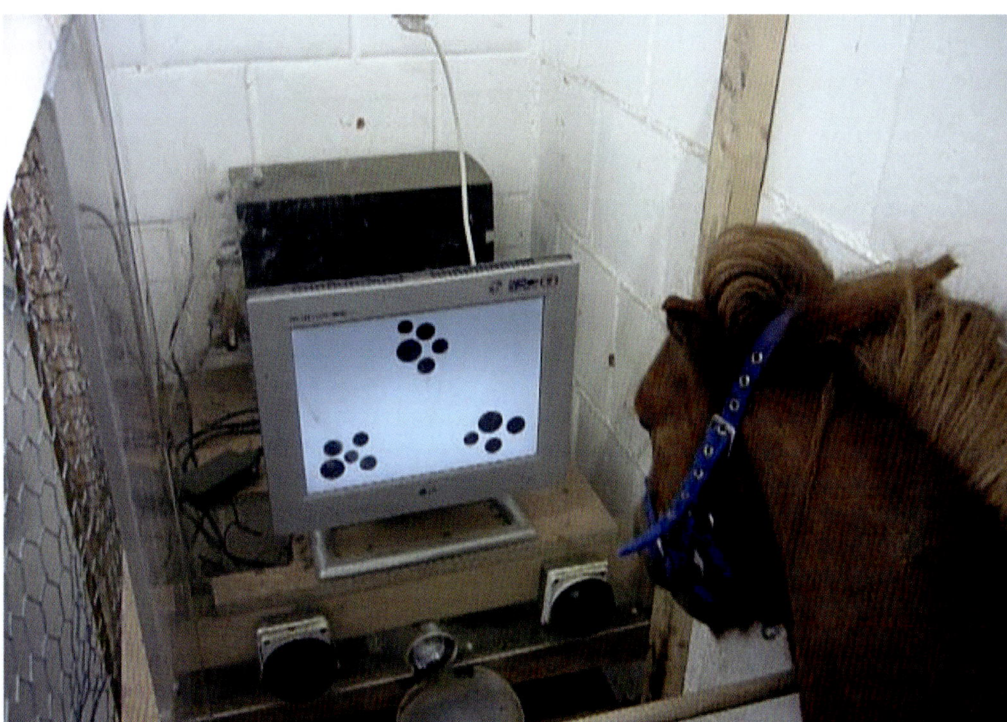

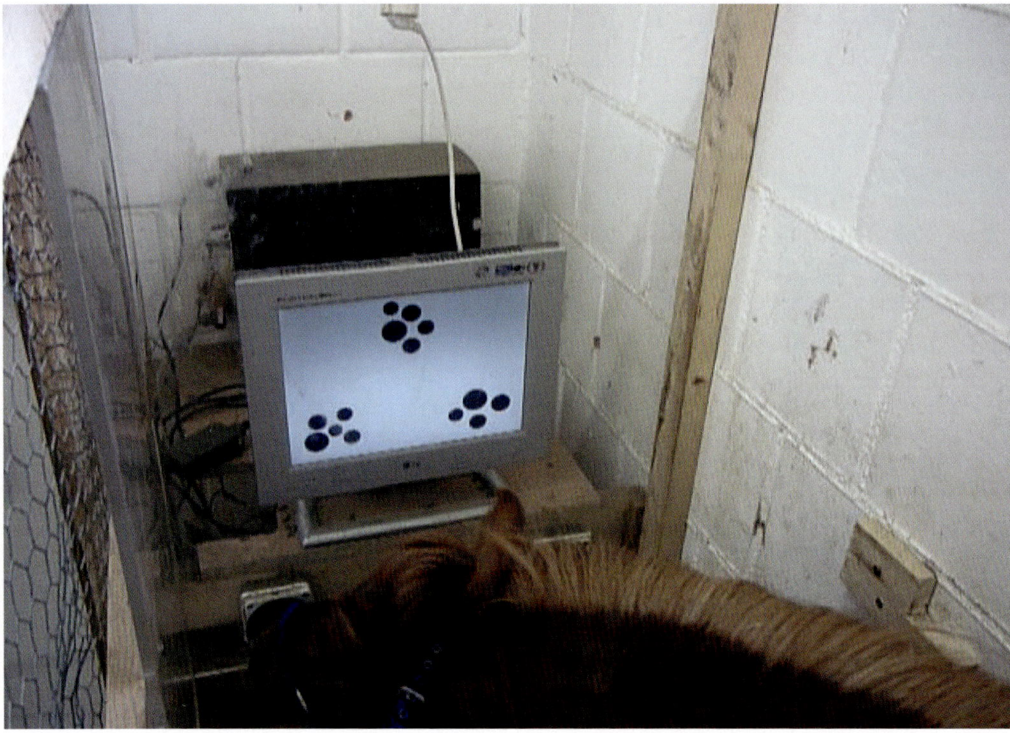

Die 5 wird oben und unten links präsentiert. Das Drücken des linken Knopfes ist also die richtige Antwort. Die Anzahlen wurden für 3 Sekunden angezeigt, bevor sich die kleine Holzschranke öffnete. Nach einer richtigen Entscheidung gab es eine Futterbelohnung in der mittig angebrachten Schale (Gabor und Gerken, 2014).

Wir behandeln die Anzahlen von der Reihenfolge der Präsentation genauso wie die vorherigen Symbole. In der ersten Lernstufe der Anzahlerkennung wird also die 1 und die 2 jeweils 10-mal als Muster präsentiert.

Wir sollten zunächst die einfachere Variante wählen, unterschiedliche Kreise zu präsentieren. Diese sollten nicht gleichförmig wie die Augen eines Würfels aussehen, denn dann kann das Pferd auch nach dem gleichen »Augen-Muster« unterscheiden, sondern diese sollten wild durcheinander in verschiedenen Größen, jedoch mit dem gleichen Schwarzanteil, präsentiert werden. Den Schwarzanteil eines Kreises berechnen wir nach seiner Fläche ($A = \pi \times r^2$). Dies verhindert wiederum, dass das Pferd nach der Farbintensität des Symbols unterscheidet und nicht nach der tatsächlichen Anzahl.

Hat unser Pferd diese Aufgabe mit den verschiedenen Kreisgrößen bestanden, können wir im nächsten Schritt die Übertragung des Gelernten auf die noch schwierigere Anzahlunterscheidung wagen. Schlussendlich präsentieren wir unterschiedliche geometrische Symbole als Anzahlen (siehe Bild Seite 127).

Wenn wir es soweit schaffen, dass unser Pferd diese sehr schwere, hoch-kognitive Leistung im Training erbringt, werden nicht nur wir selbst, sondern auch alle drum herum erstaunt sein, wie »schlau« Pferde wirklich sind. Wir werden sehen, dass wenn wir diese

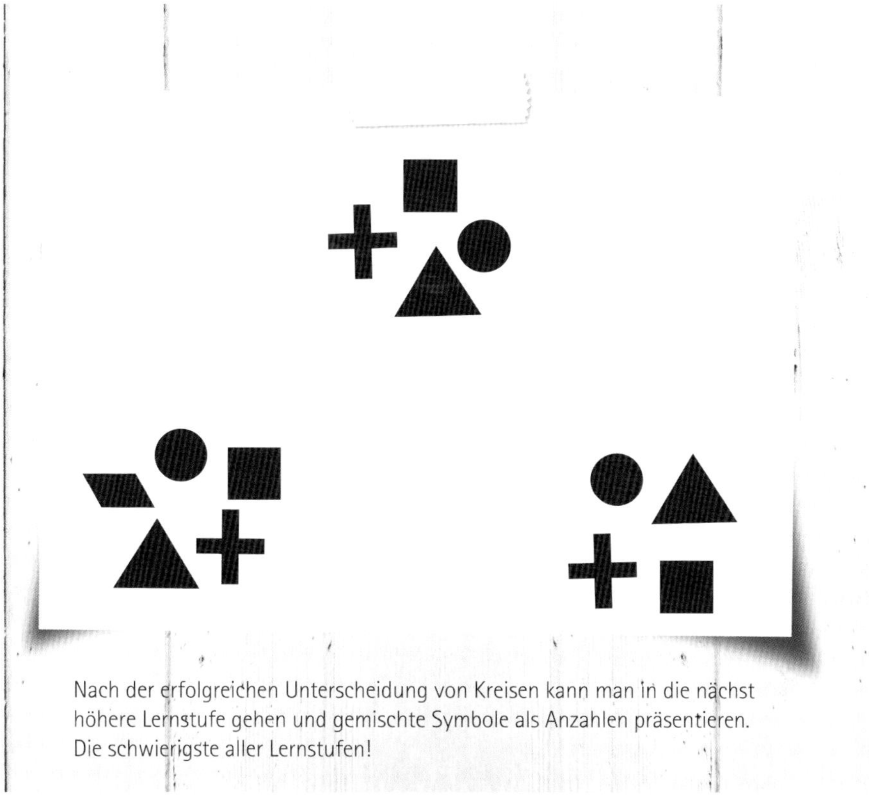

Nach der erfolgreichen Unterscheidung von Kreisen kann man in die nächst höhere Lernstufe gehen und gemischte Symbole als Anzahlen präsentieren. Die schwierigste aller Lernstufen!

Lernphase mit unserem Pferd gemeinsam geschafft haben, sich unsere Beziehung verändert hat. Wir werden unser Pferd anders wahrnehmen, aber auch unser Pferd uns. Es wird uns noch klarer sein als zuvor, mit welchem großartigen, intelligenten Wesen wir es täglich zu tun haben!

Worauf wir immer achten sollten

Pausen sind mit das Wichtigste im Lerntraining!

Zwischen dem Lerntraining

Man kann nicht immer nur die »Schulbank drücken«. Zwischen unseren Trainingseinheiten ist es besonders wichtig, dass wir mit dem Pferd einfach zusammen sind, Freude empfinden und Spaß haben. Dafür ist es entscheidend zu wissen, was unserem Pferd Freude bereitet. Bei den meisten Pferden ist es ein entspanntes Vorwärts oder vielleicht auch mal im Gelände ein bisschen »Sich-gehen-Lassen«.

Wie bei allen Dingen ist auch beim Lerntraining das Maß das Entscheidende. Es ist sicher ganz unterschiedlich, welches Pferd welche Aufgabe lieber macht und welche eher weniger gern. Wir sollten immer darauf achten, wie motiviert unser Pferd dabei ist. Können wir die Motivation fördern, dies als Herausforderung sehen und ihm dabei helfen? Und wie können wir zu diesen Herausforderungen einen schönen Ausgleich bieten? Häufig zeigen uns unsere Pferde, wann es auch mal zu viel ist oder wenn sie mit der gestellten Aufgabe überhaupt nichts anfangen können. Wie schon erwähnt, ist es besonders wichtig, dass wir erkennen: Wann hat unser Pferd Stress, und wie können wir ihm dabei helfen, diesen nicht mehr zu empfinden? Erkennen wir dauerhaften Stress bei bestimmten Aufgaben, sollten wir diese zunächst vermeiden, aber auch herausfinden, was für Faktoren das Pferd in diesem Zusammenhang als Stress empfindet. Unsere Verantwortung als Mensch gegenüber dem Pferd ist, es so wenig Stress wie möglich empfinden zu lassen, und immer besser mit uns und der von uns Menschen gegebenen Umwelt klar zu kommen. Aus diesem Grund ist Vermeidung auch nicht immer das Beste. Gezieltes Training und verbesserte Anpassung an diese Situation ist das eigentlich Verantwortungsvolle, was wir leisten müssen.

Woran kann es liegen, dass unser Pferd eine Aufgabe nicht lernt?

Wie schon weiter oben beschrieben (Faktoren, die das Lernverhalten beeinflussen, Seite 106), gibt es sehr viele verschiedene Möglichkeiten, warum das Pferd genau diese Aufgabe anscheinend nicht bewältigen kann. Zusätzlich zu den bereits genannten Faktoren, die einen Einfluss auf das Lernverhalten haben, müssen wir auch immer die körperliche Konstitution unseres Pferdes beachten, beispielsweise wenn es um eine Bewegungsaufgabe geht. Aber auch die physiologischen Eigenschaften unseres Pferdes können eine wichtige Rolle spielen. So könnte es sein, dass das Pferd durch eine Beeinträchtigung des Sehens, die wir zuvor noch gar nicht bemerkt haben, bestimmte Dinge nicht so gut unterscheiden kann, die wir präsentieren. Allgemein sollten wir darauf achten, dass wir nicht zu kleine Symbole nebeneinander darstellen, da das räumliche Auflösungsvermögen des Pferdes nicht besser ist, als das des Menschen. Haben wir vielleicht aufgrund dessen eine Aufgabe gestellt, die das Pferd gar nicht lösen kann?

Selbst wenn wir nicht herausfinden, warum unser Pferd genau diese Aufgabe nicht bewältigen kann, sollten wir entspannt bleiben und uns an den anderen Dingen freuen, die wir schon gemeinsam mit unserem Pferd geschafft haben. Nicht jeder Mensch wird Architekt und nicht jeder Mensch wird Bildhauer. Jeder von uns hat bestimmte Interessen und Vorlieben und genauso sollten wir auch unsere Pferde sehen – mit ihren eigenständigen Charakterzügen, Talenten und Vorlieben. Wenn wir unser Pferd so annehmen können, wie es ist, und immer positiv bewerten, wie-

Der positive Ausgleich zum Lerntraining ist entscheidend für dessen Erfolg.

viel es imstande ist zu leisten, werden wir nicht in die Lage kommen, frustriert zu sein, wenn mal eine Aufgabe nicht klappt. Denn das Wichtigste ist der gemeinsame, motivierte Weg, auf dem wir unseren Pferden unsere Menschenwelt als gute, bewältigbare Welt zeigen, in der es Freude machen kann, mit uns Zeit zu verbringen.

Hat das Pferd noch nicht das gelernt, was wir gerne hätten, sind wir dafür verantwortlich, durch eine klare Signalgebung den richtigen Lösungsansatz zu vermitteln.

Was passiert, wenn mein Pferd »das Falsche« lernt?

Kann man überhaupt etwas »Falsches« lernen? Wie schon beschrieben, bedeutet Lernen immer einen Anpassungsprozess und eine Lösungsfindung für eine Problematik, die in diesem Moment besteht. Wir stellen unser Pferd bei jeder Aufgabe, die wir ihm stellen, vor ein »Problem«, welches es instinktiv versucht zu lösen, um seine Situation zu verbessern. Ist es nun auf eine andere Lösung gekommen, als wir erhofft oder vermutet haben, können wir das zunächst dem Pferd nicht anlasten. Vielmehr sollten wir rückwirkend schauen, warum es auf diese Lösung gekommen ist. Zum Beispiel könnte das Pferd versuchen – wenn wir es gerade über unseren Körperfokus seitwärtsschicken wollen – auf uns zuzukommen. Hier wäre es für unser Ziel nicht förderlich, das Signal zu beenden, wenn es in diesem Moment gerade einen Schritt auf uns zumacht. Sonst wird es genau diesen Lösungsansatz wieder versuchen. Hat es öfter damit Erfolg, wird dies als Lernspur abgespeichert. Das Pferd lernt, wenn wir das Signal setzen, auf die Seite des Pferdes blicken und vielleicht mit der Gerte berühren, der Drucksituation zu entgehen, während es einen Schritt oder mehrere auf uns zumacht. Richtig wäre es – um unser Ziel des fein weichenden Pferdes zu verfolgen – wenn wir beim »falschen« Lösungsansatz des Pferdes unser Signal aufrechterhalten und ihm vielleicht helfen, »unsere« Lösung zu finden.

Wir geben dafür ein paar Sekunden länger das Signal und verstärken es dynamisch, aber nicht zu heftig. Zeigt das Pferd den Ansatz des Weichens, hören wir sofort auf. Wir bestätigen also nun den »richtigen« Lösungsansatz. Dies wiederholen wir, bis das Pferd immer früher und feiner reagiert. Damit wird dieser Lerninhalt gefestigt.

Hat unser Pferd erstmal eine bestimmte Verknüpfung gelernt, ist es natürlich schwieriger, ein Umlernen herbeizuführen, als wenn es gleich in unserem Sinne gelernt hätte. Bei unseren Lerntests versuchen wir daher, Vorkehrungen zu treffen, wie Seitenwechsel unserer Symbole, oder auch den Einfluss von uns und unserer Körpersprache auf die Entscheidung des Pferdes an der Versuchswand möglichst zu verhindern.

Im Allgemeinen gilt: Nicht Frust, sondern Verständnis ist das adäquate Mittel, dem Pferd auf die richtige »Lern«-Spur zu helfen!

Schlusswort

Das Pferd braucht seine Artgenossen, egal wie gut wir mit ihm umgehen.

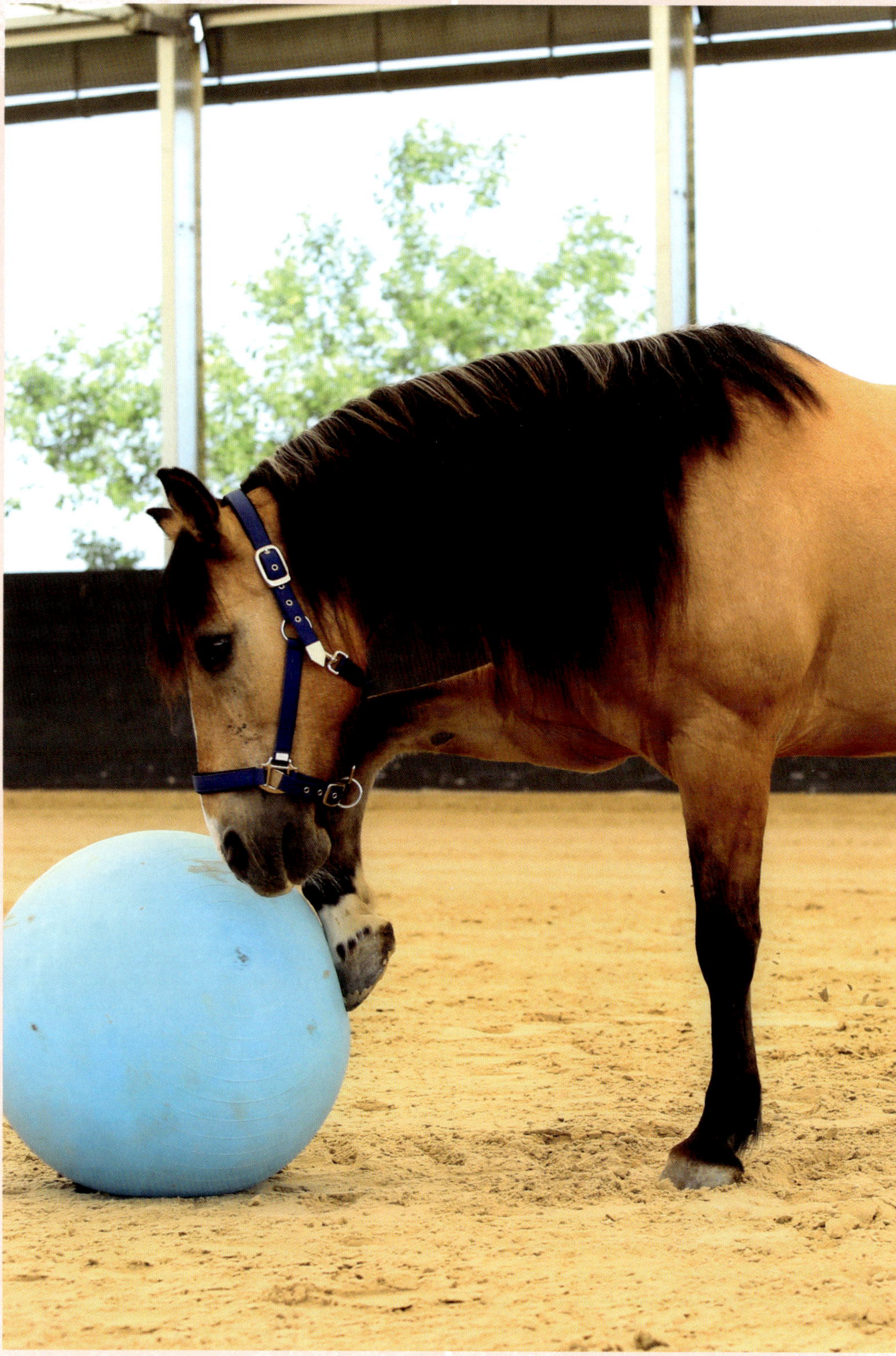

Schlusswort

Mit unserem Pferd gemeinsam Zeit zu verbringen, gibt uns viel Freude. Damit es dem Pferd ebenso ergeht und es möglichst wenig Stress in seinem Leben und im gemeinsamen Training mit uns empfindet, sind wir in der Verantwortung, ihm viele Dinge aus unserer Welt zu zeigen und ihm den Umgang damit beizubringen. In diesem Buch sind viele Lernarten und Aufgaben, die wir dazu unserem Pferd stellen können, gezeigt und erläutert worden. Damit motivieren wir nicht nur unser Pferd, sondern auch uns, immer mehr über unser Pferd wissen zu wollen und zu versuchen, immer mehr in sein Inneres zu blicken. Dabei gehen wir mit dem Pferd gemeinsam nicht nur verantwortungsvolle Lernschritte, die es meiner Meinung nach benötigt, um dem Pferd ein gutes Leben mit uns zu ermöglichen, sondern zeigen auch Verantwortung und Interesse an unserem Tier.

Sehr wichtig ist es mir in diesem Zusammenhang zu erwähnen, dass auch noch so gutes Lerntraining und ein noch so verantwortungsvoller und liebevoller Umgang mit unserem Pferd, eine adäquate Haltung, Fütterung und Bewegung nicht ersetzen kann. Die kurze Zeit, die das Pferd an seinem Tag mit uns verbringt, sollte so positiv und motivierend wie möglich gestaltet werden, aber die restliche Zeit ist immer noch der größte Teil des Pferdelebens. Diesen sollten Pferde in einem sozialen Umfeld mit möglichst naturnahen Bedingungen verbringen dürfen. Ein ausgeglichenes, psychisch und physisch gesundes Pferd abzuholen und mit ihm gute Zeit zu verbringen, beeinflusst das gemeinsame Training, den Umgang, das Lernverhalten und die Beziehung zum Menschen sehr positiv. Dies sollte uns immer klar sein, denn das ist die Grundvoraussetzung, pferdegerecht und verantwortungsvoll mit dem Pferd trainieren zu können.

Ich wünsche jedem Pferdemenschen, der dieses Buch gelesen hat, viel Freude bei der gemeinsamen Zeit mit seinem Pferd, eine gute Beobachtungsgabe, ein gutes Timing, eine gute Selbstreflexion und die Motivation, immer mehr über sein eigenes Pferd erfahren zu wollen!

Ihre

Dr. Vivian Gabor

Über die Autorin

Dr. Vivian Gabor ist Biologin und promovierte Pferdewissenschaftlerin. Ihr Spezialgebiet ist das Lernverhalten des Pferdes und die Verknüpfung von Wissenschaft und Praxis. Sie betreibt ein Ausbildungszentrum für Mensch und Pferd in Einbeck und ist Gründerin des Instituts für Verhalten und Kommunikation (IVK). Sie bietet bundesweit Reitweisen-übergreifende Lehrgänge in der Arbeit vom Boden und vom Sattel aus an. Der Schwerpunkt liegt bei der Optimierung der Mensch-Pferd-Kommunikation für ein pferdegerechtes Training.

Weitere Informationen über die Arbeit von Dr. Vivian Gabor finden Sie unter:
www.viviangabor.de
www.IVK-MenschundPferd.com

Dr. Vivian Gabor

IVK

Institut für
Verhalten und Kommunikation

Dr. Vivian Gabor
Dipl. Biologin
M.Sc. Pferdewissenschaften
Trainer B Leistungssport Reiten
info@horseability.de

Literatur

Baer, K.L., Potter, G.D., Friend, T.H., Beaver, B.V. (1983): Observation effects on learning in horses. Appl. Anim. Ethol. 11, 123–129.

Dalla Costa, E., Minero, M., Lebelt, D., Stucke, D., Canali, E., Leach, M.C. (2014): Development of the Horse Grimace Scale (HGS) as a pain assessment tool in horses undergoing routine castration. PLoS ONE, 9, e92281.

Gabor, V. (2018): Mensch und Pferd auf Augenhöhe - Pferdegerecht kommunizieren. Müller Rüschlikon Verlag

Gabor, V. Apfelbach, R., Pollmann, U. (2006): Einfluss der Haltungsform auf die Lernleistung von Pferden. In: Aktuelle Arbeiten zur artgemäßen Tierhaltung, KTBL-Schrift 448. KTBL, Darmstadt. S. 109-118.

Gabor, V., Gerken, M. (2010): Horses use procedural learning rather than conceptual learning to solve matching to sample. Appl. Anim. Behav. Sci. 12, 119–124.

Gabor, V., Gerken, M. (2012): Cognitive testing in horses using a computer based apparatus. Appl. Anim. Behav. Sci. 139, 242–250.

Gabor, V., Gerken, M. (2014): Shetland ponies (Equus caballus) show quantity discrimination in a matching-to-sample design. Anim. Cogn. 17, 1233–1243.

Gabor, V., Gerken, M. (2018): Study into long-term memory of a complex learning task in Shetland ponies (Equus caballus). Appl. Anim. Behav. Sci. 198, 60–66.

Gattermann, R. (2006): Wörterbuch zur Verhaltensbiologie der Tiere und des Menschen. 2. Auflage, Elsevier, München

Geisbauer, G., Griebel, U., Schmid, A., Timney, B. (2004): Brightness discrimination and neutral point testing in the horse. Can. J. Zool. 82(4), 660–670.

Hall, C.A., Cassaday, H.J., Derrington, A.M. (2003): The effect of stimulus height on visual discrimination in horses. J. Anim. Sci. 81, 1715–1720.

Hanggi, E.B. (1999a): Categorization learning in horses (Equus caballus). J. Comp. Psychol. 113, 243–252.

Hanggi, E.B. (1999b): Interocular transfer of learning in horses (Equus caballus). J. Equi. Vet. Sci. 19 (8), 518–524.

Hanggi, E.B. (2003): Discrimination learning based on relative size concepts in horses (Equus caballus). Appl. Anim. Behav. Sci. 83, 201–213.

Hanggi, E.B. Ingersoll, J.F., Waggoner, T.L. (2007): Color vision in horses (Equus caballus): Deficiencies identified in a pseudochromatic plate test. J. Comp. Psychol. 121, 65-72.

Hanggi, E.B., Ingersoll, J.F. (2009): Long-term memory for categories and concepts in horses (Equus caballus). Anim. Cogn. 12, 451–462.

Hanggi, E.B. (2010): Short-term memory testing in domestic horses: experimental design plays a role. J. Equine Vet. Sci. 30 (11), 617–623.

Heffner R.S. und Heffner, H.E. (1983): Hearning in large Mammals: Horse (Equus caballus) and Cattle (Bos taurus). Behav. Neurosci. 97 (2), 299-309.

Rubin, L., Oppegard, C., Hintz, H.F. (1980): The effect of varying the temporal distribution of conditioning trials on equine learning behavior. J.Anim. Sci. 50, 1184-1187.

Mejdell, C.M., Buvik, T., Joergensen, G., Boe, K., (2016): Horses can learn to use symbols to communicate their preferences. Appl. Anim. Behav. Sci., 184, 66-73.

Sappington, B.F., Goldman, L. (1994): Discrimination learning and concept formation in the Arabian horse. J. Anim. Sci. 72, 3080–3087.

Smith, A.V., Proops, L., Grounds, K., Wathan, J., McComb, K. (2016): Functionally relevant responses to human facial expressions of emotion in the domestic horse (Equus caballus). Biol. Lett., 12, p. 20150907

Stern, W. S. (1981): Schüler Duden – Die Psychologie. Dudenverlag

Stone, S. M. (2010): Human facial discrimination in horses: can they tell us apart?, Anim. Cogn. 13, 51–61.

Tenorth, H.E. und Tippelt, R. (2007): Lexikon Pädagogik. Beltz Verlag, Weinheim, Basel.

Timney, B. und Keil, K. (1992): Visual acuity in the horse. Vision Res. 32 (12), 2289–2293.

Uller, C., Lewis, J. (2009): Horses (Equus caballus) select the greater of two quantities in small numerical sets. Anim. Cogn. 12, 733–738

Weitere Bücher von Vivian Gabor

Wer wünscht sich nicht eine harmonische und erfolgreiche Partnerschaft mit seinem Pferd? Dr. Vivian Gabor ist Biologin und Pferdewissenschaftlerin. In diesem Buch trägt sie sowohl die aktuellen wissenschaftlichen Kenntnisse auf dem Gebiet des Pferdeverhaltens als auch ihre praktischen Erfahrungen aus der Arbeit mit Mensch und Pferd zusammen und zeigt, wie man die Erkenntnisse aus der Forschung für das tägliche Training und das eigene Verhalten nutzen kann.

176 Seiten, 216 Bilder, 19 Strichzeichnungen
Format 240 x 170 mm
ISBN 978-3-275-02098-0
€ 24,90 | € (A) 25,60

Wie viel Wildpferd steckt noch in unseren Hauspferden? Was können wir aus dem ursprünglichen Verhalten für die pferdegerechte Ausbildung lernen? Gut nachvollzierbar beschreibt die Autorin, wie sie einen zuvor wild lebenden Mustang zum zuverlässigen Partner ausbildet: von der ersten Gewöhnung an die menschliche Umgebung über die Boden- und Freiarbeit bis hin zum zuverlässigen Reitpferd. Dieses Buch lädt ein, sich in die ursprüngliche Natur des Pferdes hineinzuversetzen, um das Training sinnvoll zu gestalten.

160 Seiten, 207 Bilder
Format: 240 x 170 mm
ISBN 978-3-275-02133-8
€ 19,95 EUR | € (A) 20,60

VERSPANNUNGEN LÖSEN mit der Masterson-Methode
IST IHR PFERD EIN OPTIMIST? Der neue Verhaltens-Test
3 | MÄRZ 2020
CAVALLO
Die große PFERDE-DIÄT selbst für Härtefälle S. 88
KRAFT-MESSUNG
Wie fein sind Langzügel & Longe?
NEURO-RIDER
Besseres Gefühl im Sattel
ENTSPANNT IN DEN FUTTER-STÄNDER
Engpässe und Türen meistern
NEUER MUT NACH UNFALL
Durchbruch für Pferd & Reiterin
STRAHLFÄULE
Behandeln und vorbeugen
Fabelhafte Fehler
Wie Pferde und Reiter von Missgeschicken profitieren S. 14
2 Monate GRATIS testen!